はしりがき

エジプト 切りかけのオベリスク
石灰岩だと思ってたが 花崗岩だって…かたいよね……

炎天下の中 ここまでやって やめたんだね…

途中で亀裂が入った時点で放棄

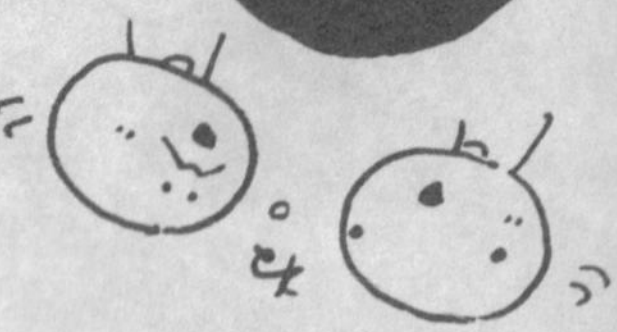

勉強し直すというより…… ほとんど、はじめて知ることばかりだよ。

ね。

鉱物とは、
結晶した固体、
自然に生成の
無機物……

じゃ、
「有機鉱物」って
……なんだ??

ダイヤモンド誕生石だと
気軽に買えないよね。

25億年以上前の、150kmより以上
深い場所で、高温高圧なところ。
そこでできたものが、マグマで
地表に噴き出てきて……

ダイヤモンドの
できかた。

水晶を粉にした実験で、
とがった粉を、指でつまんで
…た。その粉をすりったあとに、
こまかい砂じんが手に残るかんじ。
モロッコの砂漠で、砂を触った
時のことがよみがえった。
そうか! これもあれも、同じ
「こまかい石英」!
同じなのか〜!!

まずは博物館や
国石パークをぐるぐるしたい。

…となっていたことが
「つぶえされたことって
あるのかな。

いっぱいあるよ。もう一度、ちゃんと
石を意識して まわりたい!!

墓石の種類
チェックしはじ

「ガラスは液体って説があるって？」

水晶、エメラルド
→マントルにあるマグマの噴出によってつくられる。

ダイヤモンド
→＋高圧力が作用
マグマが急速に噴出し、
瞬間に冷やされてできる

トルマリン・トパーズ
→マグマが地球内部で
ゆっくり冷えてできる

結びついたもののこと。（化学結合）
↑
そっか、自然界でできたものでも
化学変化をしたものは
化学物質というのか、
‖
化合物

誕生日石は
ジュエナイト
だって。

そもそも、地学ならまだしも、
「化学」がこんなに石（鉱物）と
関係してるとは、まったく
わかってなかった――

周期表は、意味さえ
掴めば、おぼえなくて
いいんだよね。
……ね？

石石
石石石石 ←いらいら

「中学校で習う内容ことは、読者はみんな理解している」
という前提なんだよな、鉱物の本って……
まー、そうするしかないんだろうけど。キリないし
でも、「中学の頃は理科にキョーミをもてなかったけど、今、石が好き。石のこと知りたい」っていう人は多いと思うので、
そーゆー人が理解できる本がほしーと思っちゃう。

日本では、玉髄を含めて
瑪瑙と呼んでいた

↑
やはり？
道理で頭混乱するわけだ！

k.m.p.の、石コロ、ぐるぐる。

石をめぐる　小さな旅

k.m.p.
ムラマツエリコ
なかがわみどり

東京書籍

もくじ。

プロローグ 4

その1 石ってなんだ？ 8

その2 比べることで わかること 23

その3 あれも石、これも石 43

その4 おしえて!! 石のギモン 48

その5 河原の石を 見に行こう 68

コラム

ちょっとここで 「岩石」を整理してみた 18

ちょっとここで ところで「マグマ」って？ 21

突然実験 「色」の秘密を覗いてみよう 33

ちょっとここで 「結晶」という言葉 41

ちょっとここで 石の「かたさ」 56

突然実験 かたさ対決！「モース硬度」 57

かたさ対決！「靭性《じんせい》」 59

割ってみよう！「へき開」 60

ちょっとここで 石の「観察」 80

ちょっとここで おもしろい石 89

ちょっとここで 日本人と石 135

＊鉱物名と宝石名、和名と英名が混在してたりしますが、ご了承ください…

本文の中に
さるむしが 6 匹
隠れているよ
探してみてね

その6 石の ミドコロ 81

その7 石ぐるぐる 博物館 90

その8 町なかで見つかる石 100

その9 旅で出会った石たち 111

その10 好きです、砂！ 125

はしりがき 138

あとがき 142

著者紹介・奥付 143

登場人物

石の人

石のことに
詳しい人（石？）。
に呆れつつも、
イチからいろいろ
教えてくれる。

なかがわ みどり

石は好き。
でも、地学や
化学は苦手…
そのせいか時々
ぶっとんだ質問をする。

ムラマツ エリコ

鉱物好き、
地層好き、
砂漠好き。
でもまだまだ
勉強中。

＊石の写真に記入した★と★については、P143をご参照ください

思えば、
まわりには いつも
「石」があった。

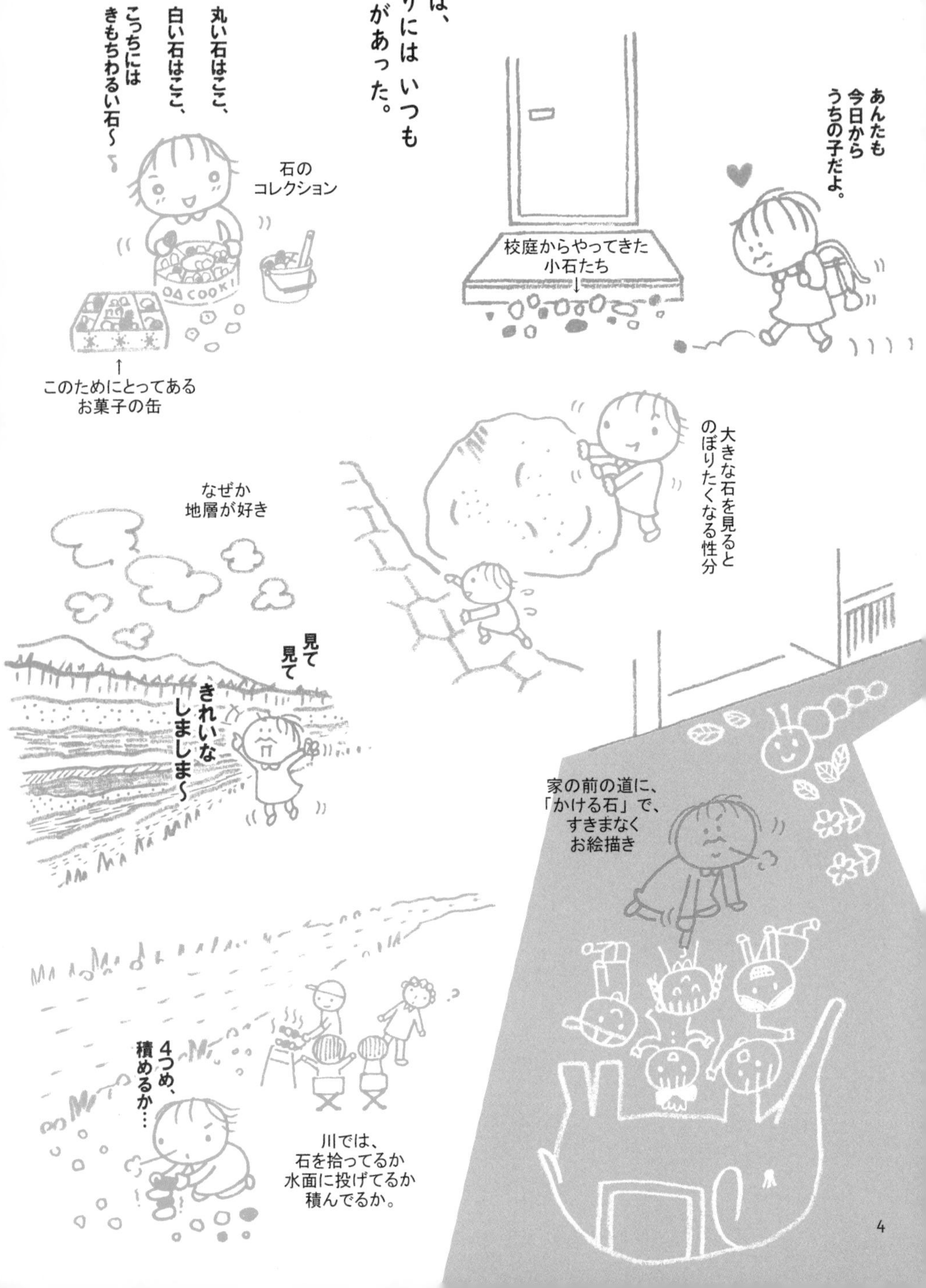

あんたも今日からうちの子だよ。
校庭からやってきた小石たち
丸い石はここ、白い石はここ、こっちにはきもちわるい石～
石のコレクション
このためにとってあるお菓子の缶
大きな石を見るとのぼりたくなる性分
なぜか地層が好き
見て見て
きれいなしましま～
家の前の道に、「かける石」で、すきまなくお絵描き
4つめ、積めるか…
川では、石を拾ってるか水面に投げてるか積んでるか。

旅に出て
感動した、あれ。
自然がつくったあれも、
ニンゲンがつくったこれも……
思えば、
どれも「石」だった。

ヨーロッパの大聖堂

大迫力
&
おごそか……
こりゃ
信者も
増えるよね…

ピラミッド（エジプト）

誰がこんな
でかい石
積んだのか〜
はぇ〜

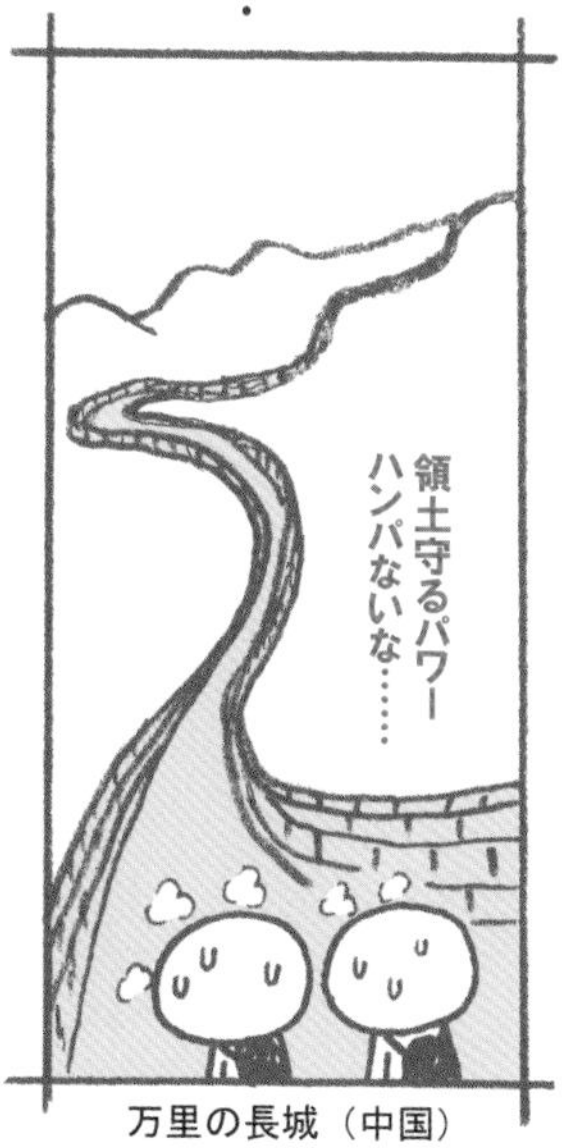
領土守るパワー
ハンパないな……

万里の長城（中国）

溶岩台地（ハワイ島）

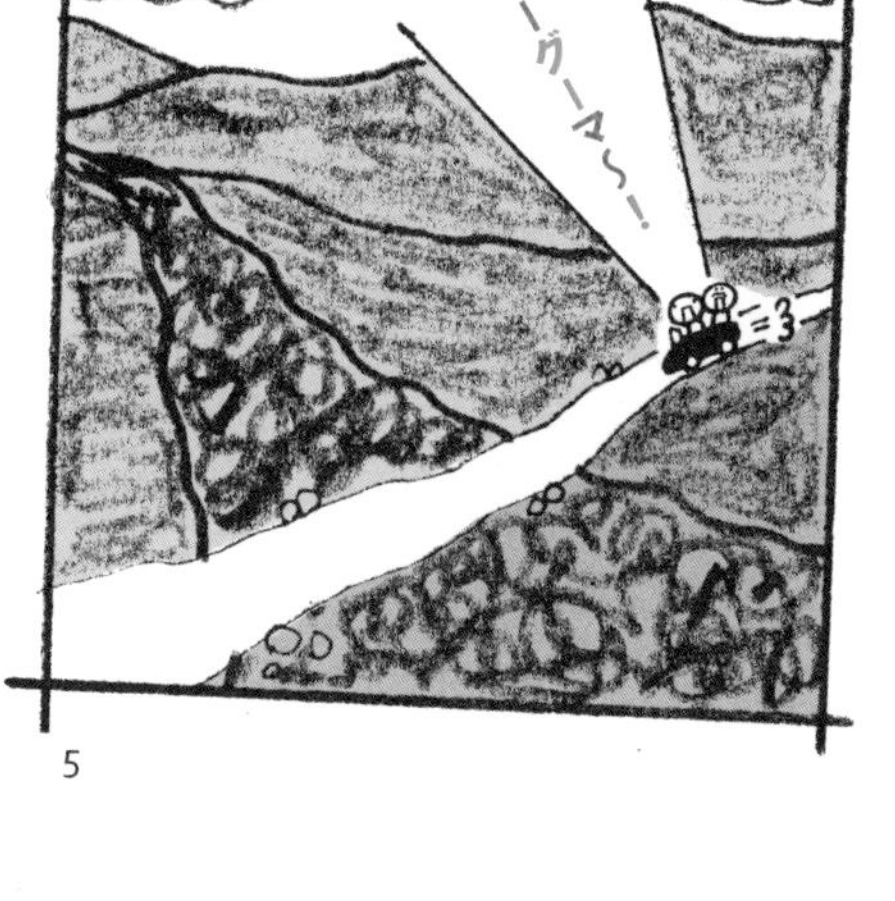
マーグーマ〜！

グランドキャニオン（USA）

ベストオブ
自然の造形！
ご地層さまです…

そして今も、
私たちの
まわりには
「石」がある。

—仕事の机まわり—

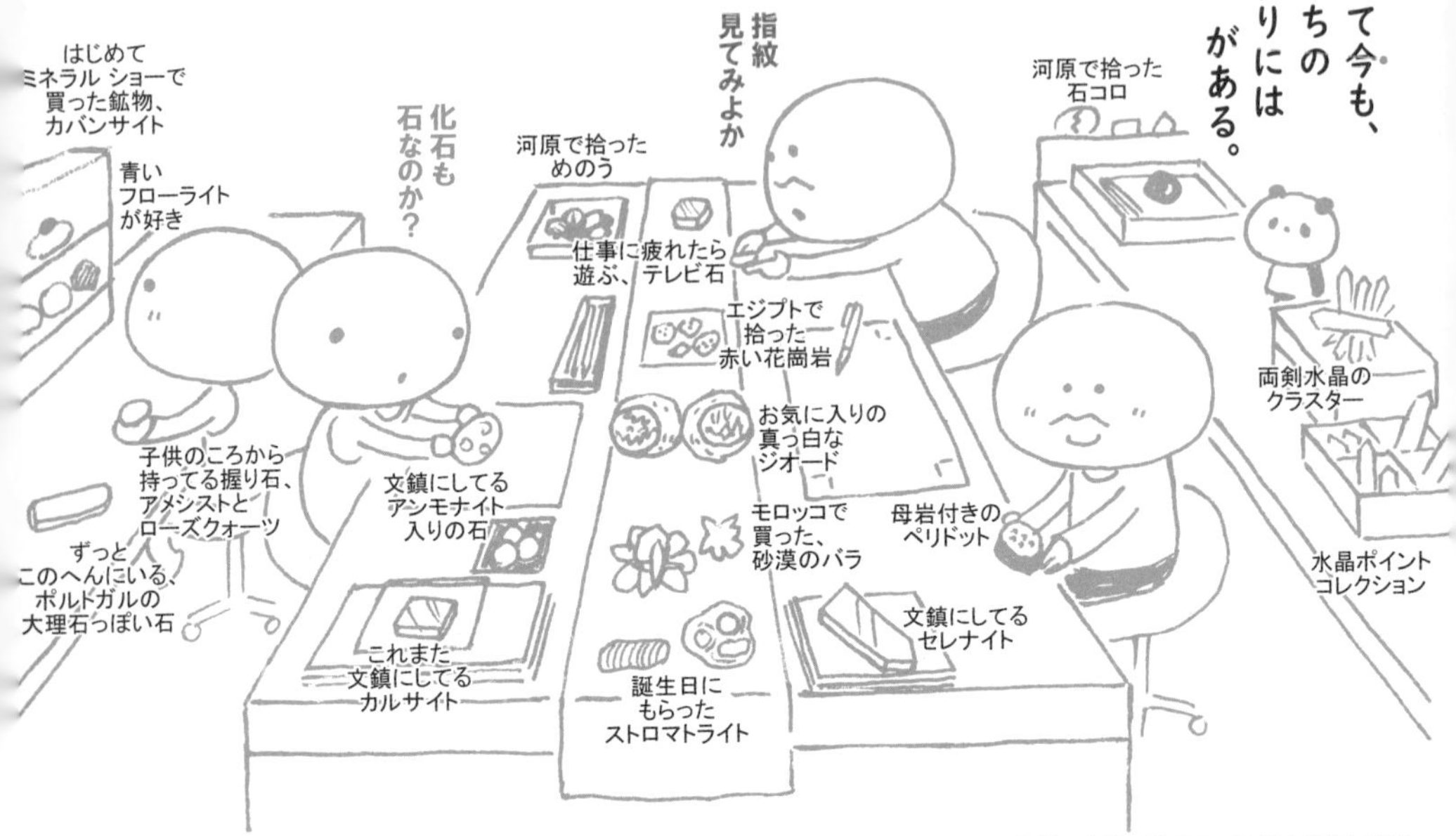

はじめて
ミネラル ショーで
買った鉱物、
カバンサイト
青い
フローライト
が好き
化石も
石なのか?
河原で拾った
めのう
指紋
見てみよか
河原で拾った
石コロ
仕事に疲れたら
遊ぶ、テレビ石
エジプトで
拾った
赤い花崗岩
両剣水晶の
クラスター
お気に入りの
真っ白な
ジオード
子供のころから
持ってる握り石、
アメシストと
ローズクォーツ
文鎮にしてる
アンモナイト
入りの石
モロッコで
買った、
砂漠のバラ
母岩付きの
ペリドット
ずっと
このへんにいる、
ポルトガルの
大理石っぽい石
水晶ポイント
コレクション
文鎮にしてる
セレナイト
これまた
文鎮にしてる
カルサイト
誕生日に
もらった
ストロマトライト

＊フローライト…正式名称は「フルオライト」ですが、本書ではフローライトと表記します

「砂」も好きだ。

見渡す限り砂……
というような、
無機質な風景に
心惹かれるの。

私は、
砂といえば
海の砂だな。
海の色を
より美しくさせる、
あの、
薄クリームの……

あ……
でも海の砂って……
「石」とは限らないよね。

え？
砂って
小さな石の
ことでしょ？
だから石……

……ん？
あっ、これ、
石じゃなくて、
珊瑚か！
あと……貝殻？

……ってことは、
もとは生き物か！

そっか……
同じ「砂」でも、
「石」と
「石じゃないもの」が
あるってこと？……

……ん？
じゃあ、
「砂」って
……なんだ？

ていうか、
そもそも……

「石」って……なんだ？

その1

石ってなんだ？

今まで深く考えずに
「石」とか
「砂」とか
呼んできたけど……

違いとか、
定義とか……
考えたこと
なかったな。

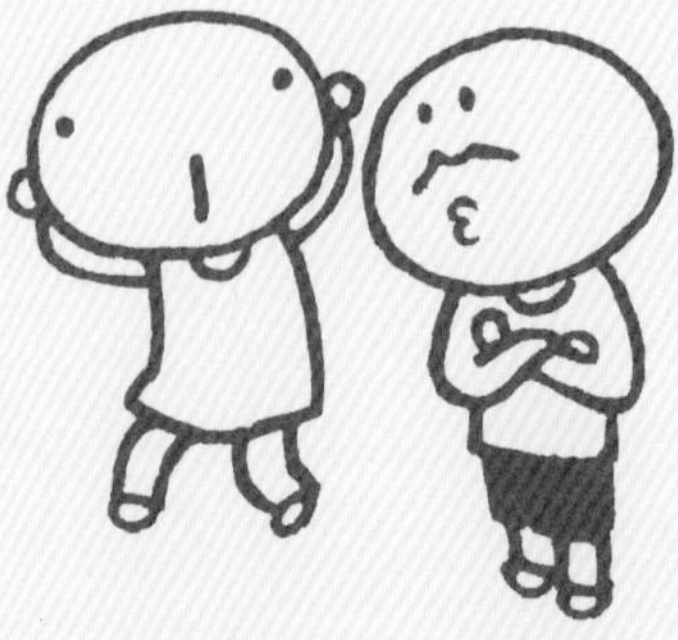

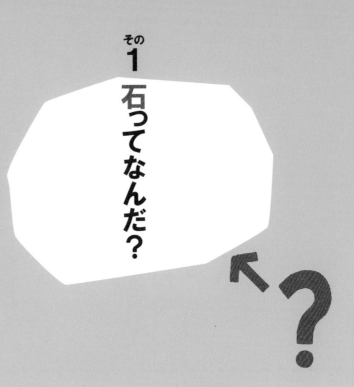

「石」ってさぁ……
じゃあ、
「生物じゃ
ないもの」？
フローライト
ペリドット
水晶
河原の石
……かなあ。
あ、
でも待って。
たしか、
珊瑚や貝殻由来の
「石」っていうのも
あるな……
石灰岩が
そうだったような……
そうなのぉ？
じゃあやっぱり、
珊瑚の砂も
「石」ってことで
いいの？
うーん……
どうなんだろ？
石になっていれば
石なのかな……
たとえば
恐竜の「化石」、
あれってもう
成分的には、
骨じゃなくて
石になってるんだよね、
たしか。
石に……なる？
わからん〜
そもそも
「石」の呼び方って
いろいろあるよね。
↑
よくわからないので
話題変えた
石コロとか 小石とか？
岩、岩石……
鉱物……
あれ？
鉱石だっけ？
宝石も
石だよね。
ジェム、
ミネラルって
言葉も、
よく使われてる。
ミネラル？
ミネラルウォーターとかの？
あ、石の販売会のことも
「ミネラル ショー」って
いうよね。
あれ、石のことなの？
そういえば天然石とか
パワーストーンなんて
言葉もあるな……
結局……
巨大な岩も、
河原の石も、
細かい砂も
輝く宝石も……
同じ「石」って
くくりでいいのか…ね。
いいんじゃない？
大きいか
小さいか、
きれいか
きれいじゃないか、
の違いだけでさ。
この
ペリドットも、
河原の
石コロも、
どっちも……
珊瑚の砂は
よくわかん
ないけど…
ま、いっか〜
石っ♥
ってことで。

おーい、
そこのニンゲンさん。
ざっくり
「石」とかいって
まとめた
つもりかな?

「鉱物」と
「岩石」の
違い……

知りたく
ないですかーっ

石がしゃべった……
「鉱物」と「岩石」の違いってどういうこと?
わーっ
わーっ
しゅるしゅる
しゅるしゅる
しゅるしゅる……

その瞬間、
私たちは小さくなって、
目の前の石の中に、
しゅるしゅると
吸い込まれていった。

小さくなって見えた、石の世界は……
キレイで、多くの気づきがあった。

お〜♥
ひゃー、でっかーい
きれい〜
宝石ゴロゴロ!!
粒々の集まりなんだね。
濃い緑から透明に近いもの、いろいろあるねぇ。
黒い粒もぽちぽち。
何か入ってる粒がある〜
虹色に輝いてるところもあるよ。

ペリドット（橄欖石《かんらんせき》）

8月の誕生石♥

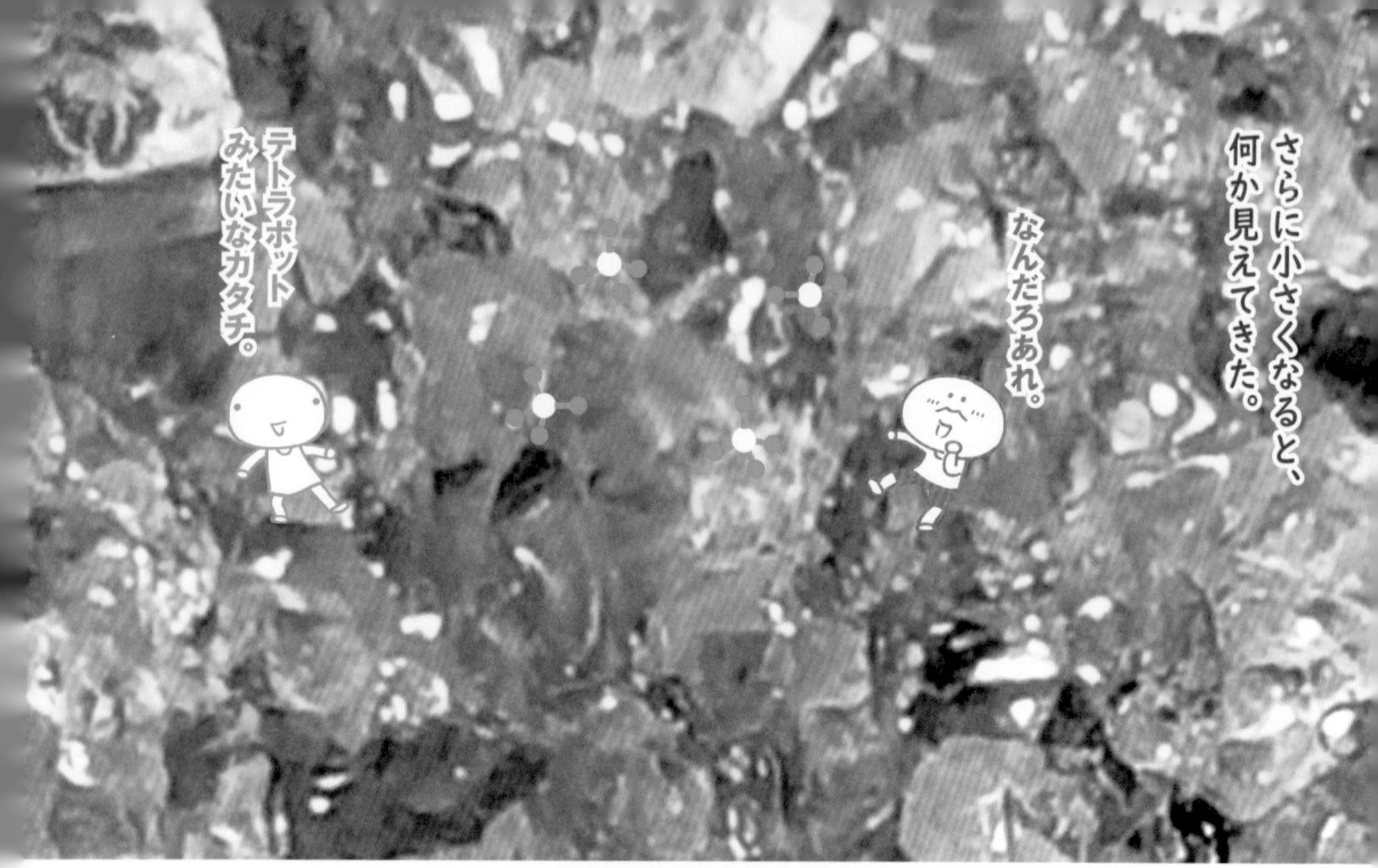
さらに小さくなると、
何か見えてきた。
なんだろあれ。
テトラポット
みたいなカタチ。

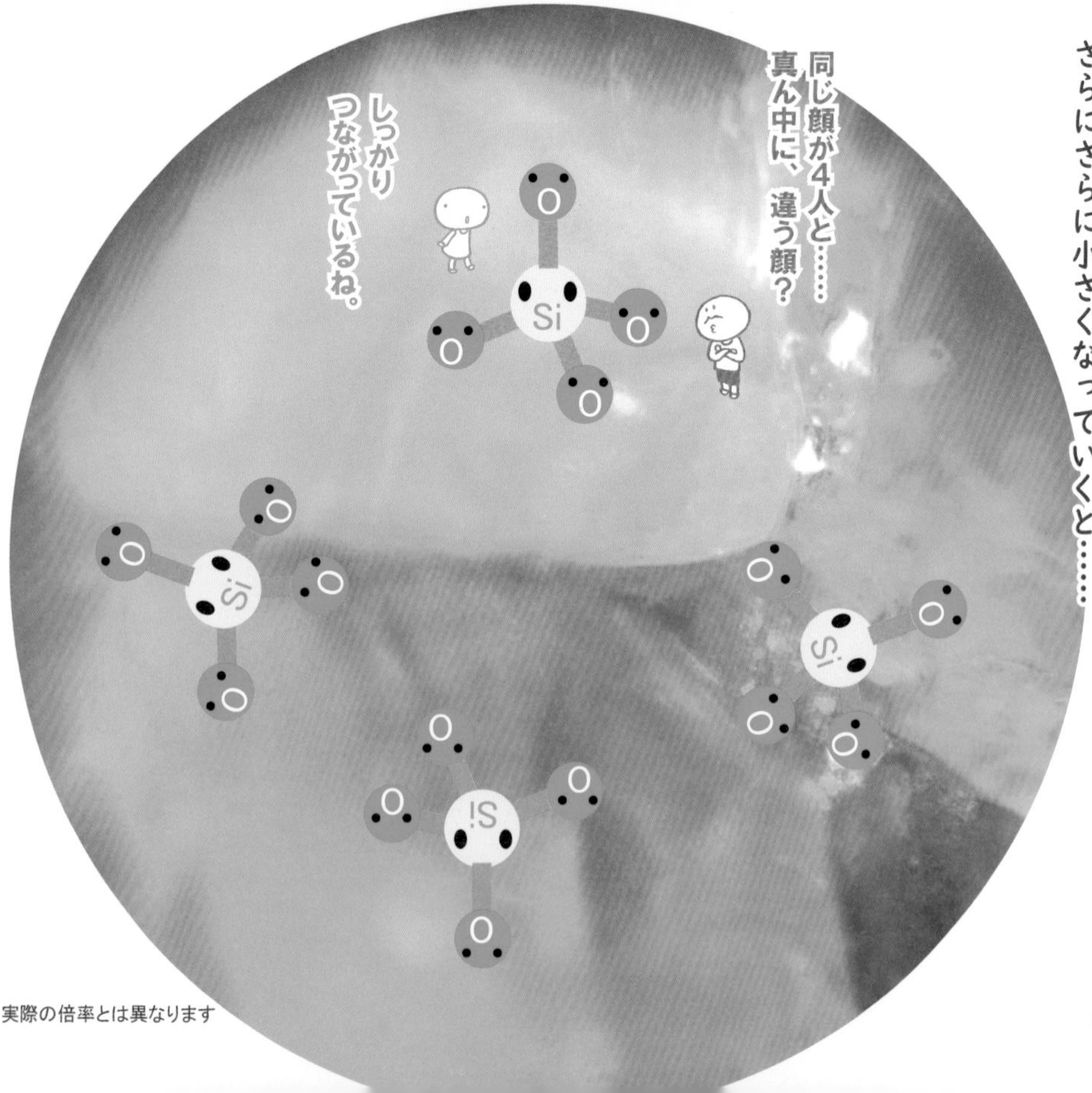
さらにさらに小さくなっていくと……
同じ顔が4人と……
真ん中に、違う顔？
しっかり
つながっているね。
Si
O

＊実際の倍率とは異なります

この人たちは……

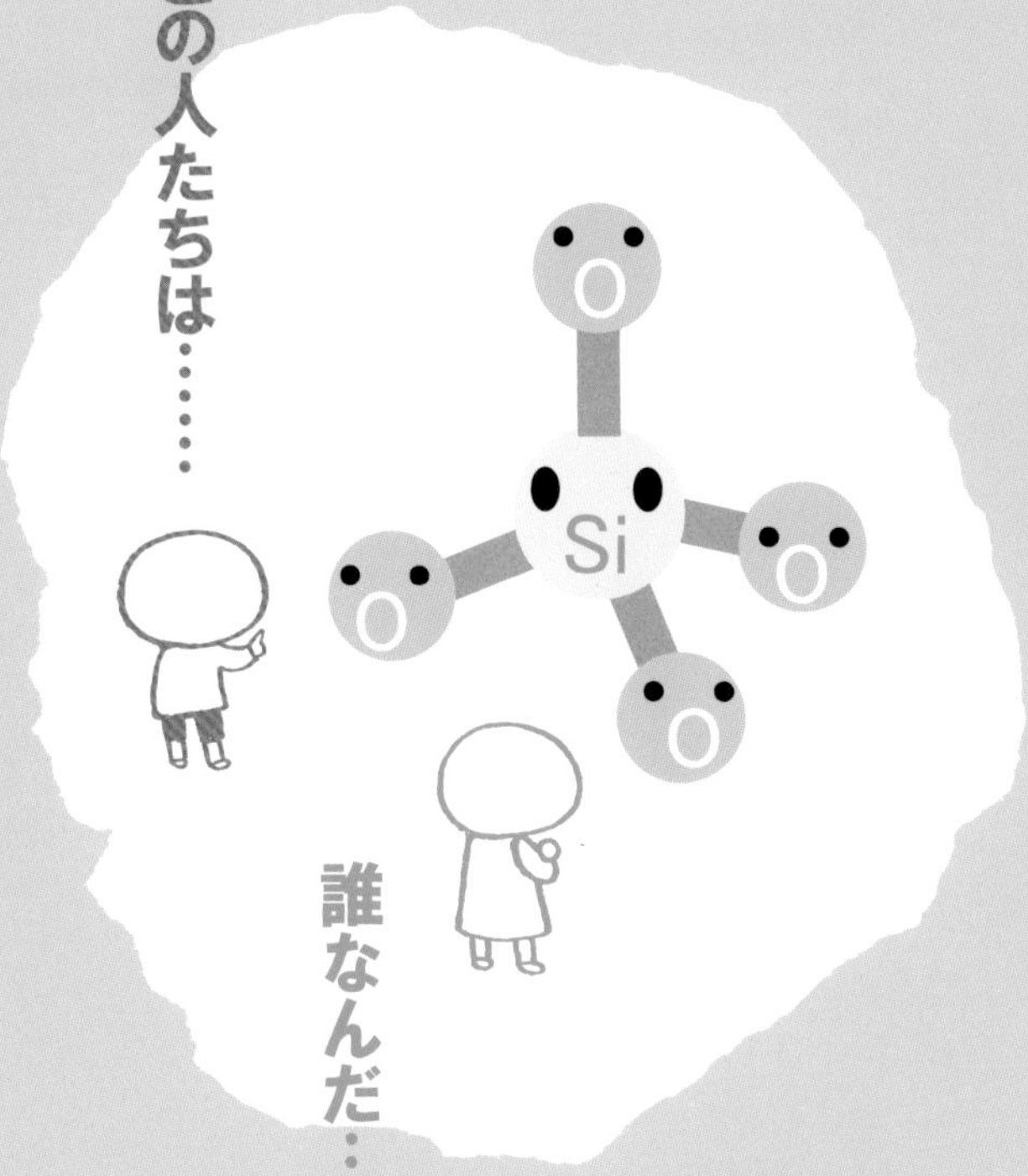

誰なんだ……？

石の人

その人たちは 石の「成分」だよ。

あ、ど、どーも。

で、どういう方？

習ったでしょ、こういう表。
周期表っていうんだけど。

わー、何、いきなり。
こういうの
苦手なんだけど……
これが石に関係あるの？

彼らは ここの一員で、
珪素君と酸素君。

もしかして「周期表」は、
「石の成分表」ってこと？

石だけじゃなく、
地球にある、すべてのもの。
いわば、「地球の」成分表。

地球の成分…

								ヘリウム He
			ホウ素 B	炭素 C	窒素 N	酸素 O	フッ素 F	ネオン Ne
			アルミニウム Al	珪素 Si	リン P	硫黄 S	塩素 Cl	アルゴン Ar
ニッケル Ni	銅 Cu	亜鉛 Zn	ガリウム Ga	ゲルマニウム Ge	砒素 As	セレン Se	臭素 Br	クリプトン Kr
パラジウム Pd	銀 Ag	カドミウム Cd	インジウム In	錫 Sn	アンチモン Sb	テルル Te	ヨウ素 I	キセノン Xe
白金 Pt	金 Au	水銀 Hg	タリウム Tl	鉛 Pb	ビスマス Bi	ポロニウム Po	アスタチン At	ラドン Rn
ダームスタチウム Ds	レントゲニウム Rg	コペルニシウム Cn	ニホニウム Nh	フレロビウム Fl	モスコビウム Mc	リバモリウム Lv	テネシン Ts	オガネソン Og
ガドリニウム Gd	テルビウム Tb	ジスプロシウム Dy	ホルミウム Ho	エルビウム Er	ツリウム Tm	イッテルビウム Yb	ルテチウム Lu	
キュリウム Cm	バークリウム Bk	カリホルニウム Cf	アインスタイニウム Es	フェルミウム Fm	メンデレビウム Md	ノーベリウム No	ローレンシウム Lr	

この表に苦手意識があるかもしれない
けど、これを使って説明すると、
「鉱物」のことを理解しやすいと
思うから……、まぁ
ちょっと付き合ってよ。

んー、じゃぁ
ちょっとだけ…

たとえば、この表にある
金、銀、銅。……これなんかは、
「ひとつの元素で できている鉱物」
ってわけ。

あー、
なるほど。

ダイヤモンドも
そうだよ。
炭素だけでできてる。

こんなふうに、2種類以上の
元素が化学結合したものを、
「化合物」（化学物質）っていうよ。
ちなみに、金やダイヤモンドなど
単一の元素でできてる鉱物は「単体」ね。

鉱物って、化学物質なのか！

ほかには ほかには？

アルミニウムと酸素で、
ルビーやサファイアに
なるよ。

へぇ〜、なんか不思議。

ルビー

サファイア

あれ？でも、
ルビーとサファイアって
色が全然違うよね、
赤と青…
それが同じ成分なの？

そのへんは、
あとで教えるね。

じゃあ、ナトリウムと塩素で
できてるものは？

NaとClってことは……塩か！

塩も鉱物なのか〜

「元素」ってやつね。
石だけじゃなく、すべてのものが、
この成分（の組合せ）で できてるんだよ。
あなたたちも。

えっ、私も!?

その中でも、
成分が一定で、
それが規則正しく手をつないでて、
天然でつくられた無機質なもの。
で、さらに固体なのが
「鉱物」なの。
ざっくりいうけども。

あ、「鉱物」って、
さっきいってたワード！
↓P10

さっきの珪素と酸素も
この元素の一種で、
彼らが・・・
化学的に結合し…

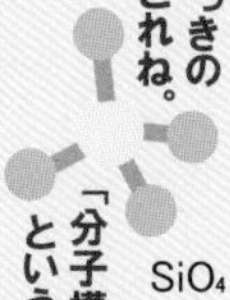

さっきのこれね。
「分子構造」というよ。

それが規則正しく
成長していって…
↓
その状態を、
「結晶構造」
というよ。

…ペリドットという
鉱物になったってわけ。
無機物だから
「彼ら」っていうのも なんだけど。
*マグネシウムや
鉄も含まれる

それが……鉱物……

水素 H								
リチウム Li	ベリリウム Be							
ナトリウム Na	マグネシウム Mg							
カリウム K	カルシウム Ca	スカンジウム Sc	チタン Ti	バナジウム V	クロム Cr	マンガン Mn	鉄 Fe	コバルト Co
ルビジウム Rb	ストロンチウム Sr	イットリウム Y	ジルコニウム Zr	ニオブ Nb	モリブデン Mo	テクネチウム Tc	ルテニウム Ru	ロジウム Rh
セシウム Cs	バリウム Ba	ランタノイド	ハフニウム Hf	タンタル Ta	タングステン W	レニウム Re	オスミウム Os	イリジウム Ir
フランシウム Fr	ラジウム Ra	アクチノイド	ラザホージウム Rf	ドブニウム Db	シーボーギウム Sg	ボーリウム Bh	ハッシウム Hs	マイトネリウム Mt
		ランタン La	セリウム Ce	プラセオジム Pr	ネオジム Nd	プロメチウム Pm	サマリウム Sm	ユウロピウム Eu
		アクチニウム Ac	トリウム Th	プロトアクチニウム Pa	ウラン U	ネプツニウム Np	プルトニウム Pu	アメリシウム Am

興味がありそうなところだと……
カルシウムとフッ素が
「化学的に結合」すると、
フローライトって
鉱物になるよ。

フローライト、知ってる！
色がきれい
なんだよね～

カルシウムとフッ素で
こんなきれいな石に？

ほかにも、鉄、アルミニウム、
硫黄、プラチナ、トパーズ、
ガーネット、エメラルド……
これらも みーんな鉱物だよ。

そうなんだ！
どれも名前は知ってるけど、
それらが「石（鉱物）」って
言葉でくくれるとは、
思ってなかったな。

金属も、宝石も、
みんな「鉱物」なのか～

6000種類近くあるんだよ。
今でも新しい鉱物が発見される。

へぇ～

どう？
「鉱物」のこと、わかってくれた？

うん、そういうことか…
鉱物って……化学的に
説明できるものなんだね……

同時に、この表の意味も
やっと理解できた気がするよ～

*ちょっと文字数が多くなってしまいましたが…
この頁を見てもらえると、
この先が読みやすくなると思います

………で、そのへんの「石コロ」や大きな「岩」なんかは、その「鉱物」が、何種類か集まってできたものなんだよ。

正確には、それを「岩石」っていう。

6000種近くある鉱物のうち、岩石をつくる鉱物は、ほんの数十種ほどだけどね。その中でも、おもなものは
橄欖石・輝石・角閃石・黒雲母・長石・石英。
↑造岩鉱物といいます

小さな石コロでも「岩石」と呼ぶよ。

ちなみに英語では、鉱物＝ミネラル、岩石＝ロック、だよ。

「鉱物」と「岩石」、そういうことか！

石コロって、まだらだったりするもんね。それって、いろんな「鉱物」が混じってるってことなのか。

わかりやすいのは、花崗岩という「岩石」だね。いくつもの「鉱物」でできているのが、目で見てわかるよ。

花崗岩（グラナイト）

白＝斜長石
半透明＝石英
黒＝雲母
ピンク＝カリ長石

ほんとだ。

この粒々たち、それぞれ違う鉱物なのか〜

ちなみに、この説明をする時、いつも花崗岩ばかりが例に挙げられるけど、ほかの岩石だって、同じようにいろんな鉱物が混じってできているんだよ。見ためではわかりにくいけど。

河原で拾った岩石

大理石

そっか。花崗岩だけじゃなく、こういう岩石も、鉱物が集まったものなんだね。

あれ？ でも混じったら、また違う鉱物になっちゃうんじゃない？

いやいや、化学的に結合するってことと、混ざり合ってかたまっているというのは別次元だから、そこ、ごっちゃにならないよーに。

おー、そっか、あぶなっ。

鉱物って……こんな粒々なのじゃなくて、きれいな形をしているものや、大きなものもあるよね？ それは、どーやってできるの？

こういうの。

そうだよ、そもそも鉱物って、どうやってできるの？

いろいろあるんだけど……おもには、マグマの熱が作用してるよ。

マグマ……

地中にある水分が、マグマで熱せられ、まわりにある岩石の成分をとかす。そしてそれが冷える時、中の成分が結晶する……とかね。

地中か……。実際、どんな環境なのかな？

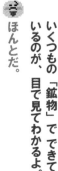

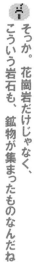

鉱物が どんな場所で つくられるかというと、 たとえば……

↓岩の割れめに熱水が入り、
そこで結晶したり、
＊熱水脈

↓大きな結晶が成長しやすい
環境だったり、
＊ペグマタイト鉱床。
巨晶花崗岩とも

こういうのもあるよ。

↓岩石の内部にある、
液体や気体が
抜けたあとの空洞。
そこにまた
熱水が流れ込み、
のびのびと
結晶していく…… など。

たとえば水晶の場合

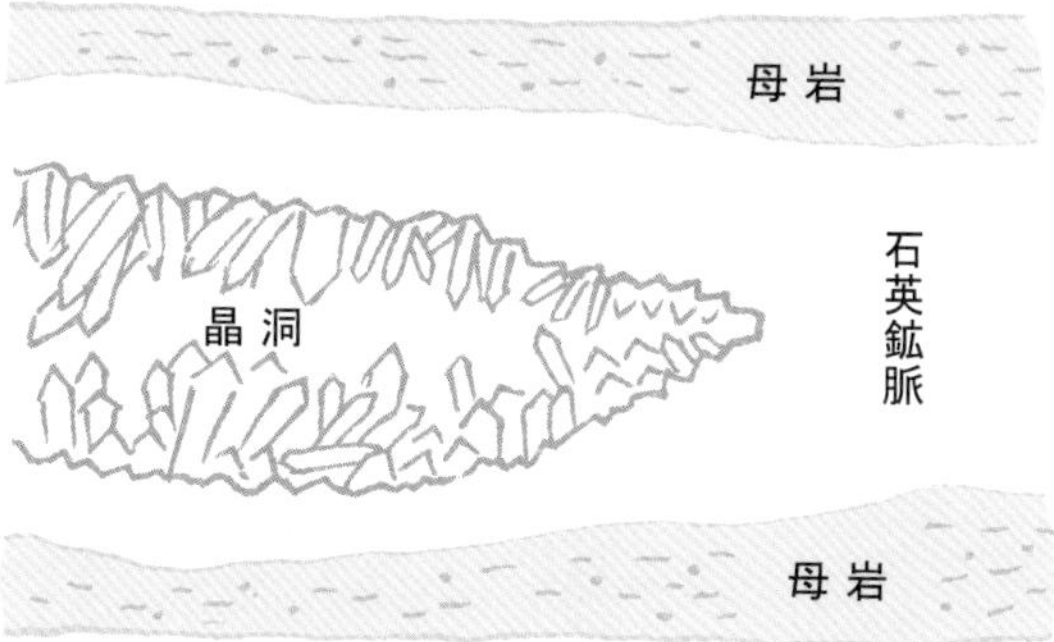

鉱物って……
岩石に包まれて育ったんだね。

まさに、ココの石のことを
「母岩」というよ。

や〜ん♥

母岩に抱かれる
ハーキマー・
ダイヤモンド。

ついでに聞くけど、
「岩石」は、どーやってつくられるの？

たとえば、さっきの花崗岩は、
マグマが、地下深くで ゆっくり かたまってできたもの。
深成岩という、火成岩の一種だね。

あ、そういうやつか〜。習ったよね、たぶん。

同じマグマでも、地下から上がってきて、
噴火したり地表付近でかたまると、火山岩。

そのへんからもう、耳が閉じちゃう。

泥や砂が水の底などで積もったりすると、堆積岩。
それらの岩石が、押しつぶされたり、
マグマの熱で変化したりすると、変成岩。
そうやって、いろんな種類の「岩石」ができていくの。

せっかく教えてもらって悪いけど、
すぐ忘れちゃいそうです……

う〜ん……実物を見たり触ったりすれば、
感覚でわかるようになるんだけどね〜
実物が無理なら、まずは写真でも……

そう…だね……
私の場合、「表」にしてみると頭が整理されるから、
まずはちょっと、まとめてみようかな。

「岩石」を整理してみた

「周期表」同様、
苦手意識のあった
「岩石の種類」。
これも学生時代、
ただ丸暗記してました。
でも、時が過ぎ、
いろんな石の名前を
あちこちで
聞くようになり、
それが実際
どんなものなのか、
気になるように
なりました。

タモリさんがよくいってるチャートって？ 

大理石って、結局何？ 

それで、表を
自分なりに書き直し、
そこに、
聞いたことのある石名を
書き足していったら……
ごちゃごちゃに
なっていた頭の中が、
少し整理されてきました。

溶岩 は、噴き出したマグマのこと　さらさら **パホイホイ** しわ　粘り気アリ **アア** とげ
それがかたまってできた岩石のことも

軽石・黒曜石 も、火山で飛び出たもの

斑岩 半深成岩とも

蛇紋岩 は、橄欖岩が水の作用で変成したもの
（変成岩にも分類される）

変成

翡翠《ひすい》 は、おもに蛇紋岩中に存在
→火山灰が積もったもの
凝灰岩など
大谷石 は、緑色凝灰岩
白河石 は、溶結凝灰岩
菊花石 は、玄武岩を母岩とするものが多い

サヌカイト は、安山岩

真砂土 は、花崗岩が風化してできた砂状の土壌のこと

御影石 ＝花崗岩？ *3

***1 斑晶と石基…火山岩の、大きな鉱物とそのまわりを埋める小さな鉱物**

***2 火山岩の種類**
玄武岩…地球で最も多い（富士山、伊豆大島など）
安山岩…日本で最も多い
デイサイト…安山岩と流紋岩の中間（雲仙普賢岳など）
流紋岩…日本の古い時代に多い（新しいものは伊豆諸島など）

***3 御影石…御影はもともと地名で、そこで採れる花崗岩を指していたが、似た石（斑糲岩・閃緑岩など）も同じ用途で使われるようになると、それらも御影石と呼ぶようになった**
石英脈 は、岩石の割れめに形成される
↓
チャート、砂岩、結晶片岩、流紋岩、凝灰岩など、様々

温泉の沈殿物や、鍾乳石など。　パムッカレもこれ

さざれ石 は、石灰質角礫岩　　**ノジュール** は、泥岩の中の化石を核とした丸いカタマリ

白亜 は、未固結の石灰質
（チョーク）

珪藻土 も SiO_2

続成作用

より圧力がかかる →

頁岩（シェール）・**粘板岩**（スレート）・**千枚岩**

→変成度が、粘板岩と結晶片岩との中間くらい
光沢がある

泥岩が、さらに圧力を受けたもの。薄くはがれる性質

変成作用

ホルンフェルスなど
→もとは砂岩・泥岩

ハンマーで叩いて傷がつけば石灰岩、
ハンマーに傷がつけばチャート

この表は今見なくてＯＫ
石の名前で「？」となった時、あんちょこ代わりに使ってね。

長瀞の岩畳、三波石、伊予青石 などは、結晶片岩
（の緑色片岩）

蛇紋岩 は、火成岩に分類されることも

***4 大理石…大理は、もとは地名。石材の意味でいう場合は、以下の石も含む。**
石灰岩、蛇紋岩、トラバーチンなど
↑
変成していないので、化石が入っていることも

***5 プレート…「地殻＋マントルの最上部」の岩盤**

定義や説明も簡略化してます。 また、分類の仕方も、いろいろあるようです。参考程度にご覧ください～

新たな石名を知った時、この表のどこに当てはまるのか調べ、書き足します。

たとえば蛇紋岩、珪藻土、長瀞の岩畳…など

暗記は苦手なのでおぼえることは諦め、この表を手元に置いて、必要な時に見返しています。

流紋岩と蛇紋岩がごっちゃになる。何だっけ？

そうだ、あの表見てみよ

この表は、すべての岩石を網羅してるわけではないので、ご了承ください〜

みなさんが調べた石名をここに加えていくのも楽しいと思います。

火成岩
マグマが冷えてかたまったもの

＊マグマについてはP21を見てね

この違いは、含まれる鉱物の割合*2

粒子小さい
結晶少ない

マグマの時
さらさら ⇔ 粘り気アリ
重い 黒っぽい ⇔ 軽い 白っぽい

- 地表で急速に→**火山岩**　玄武岩・安山岩・流紋岩など
  または浅いところで
  斑晶＋石基*1

ほぼ同じ成分

- 地下でゆっくり→**深成岩**　斑糲岩《はんれいがん》・閃緑岩・花崗岩・橄欖岩《かんらんがん》な
  ほぼ同じ大きさの粒

粒子大きい
結晶多い

ペグマタイト　大きな鉱物が育つ鉱床

地層が岩石になる

砂が砂岩になるには1千万年以上かかる

火山の噴出物が積もる→**火山砕屑岩**《さいせつがん》　火山の噴出物が堆積したもの。なので、堆積岩とも火山岩とも

年代ごとの地球の様子がわかる

化石・琥珀も、この岩から採れる

堆積岩
細かいものが積もってかたまったもの

おもに水底に積もる

- 海水中の成分が沈殿→**化学岩**　岩塩・石膏・トラバーチンなど
  → 石灰質。
- 陸で砕かれた石など→**砕屑岩**　泥岩・砂岩・礫岩など
- 生物の遺骸など→**生物岩**　石灰岩・チャート・石炭など
  → 珊瑚・貝殻・有孔虫など 炭酸カルシウム $CaCo_3$
  → 放散虫・珪藻など 二酸化珪素 SiO
  石英の集合体

変成作用　変成作用

温度や圧力の程度や元の岩石の種類により様々

変成岩
↑上の岩石が高温高圧などで変化したもの

ほかの要因もある

- マグマの近くで→**接触変成岩**　結晶質石灰岩・クォーツァイト・
  ＝高温
  （大理石）*4
  和名：珪岩 → P42
- プレート*5の沈み込み大陸の内部で→**広域変成岩**　結晶片岩・片麻岩など
  ＝高圧
  より変成が進む
  変成鉱物（平たい鉱物）、片理、縞状構造

↑この3つ以外にも、断層運動などによって変形した岩石もあります

＊個人的に興味のある岩石名を中心に分類しました。

まとめてみて、何かわかった？

今さらで恥ずかしいんだけど、岩は、砕けて小さくなるだけじゃなく、それがまた積もって、大きな岩になるんだなって。

「堆積岩」の意味を今、心から理解した。

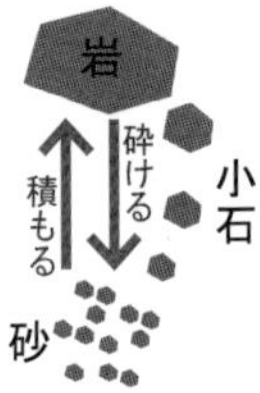

岩
砕ける
積もる
小石
砂

君が代でもうたわれてるよね。♪さざれ石のいわおとなりて…

そうそう、その意味が、よくわかってなかったの。

そうだね。そしてそれだけじゃなく、熱や地殻変動で変化したり、またマグマとなって、噴火で飛び出したりそれが冷えてかたまったり……

そして、その過程で、きれいな鉱物の結晶が生まれたり？

そう！　だから岩石は、分類されてはいるけど、それぞれ違う石っていうことじゃなくて、全部同じというか、つながってるというか、輪廻転生してるというか。

石ぐるぐる、だね。環境や年月で、形を変えていく。

この水晶も、こうなる前に砂や岩石になったことがあるのかもしれないんだよね？　可能性としては。

↓
P16

は～、今ここに来るまで、どんな運命を辿ってきたんだろうね～

とんでもなく、大先輩なんだねぇ～

て、照れるな…

その「石ぐるぐる」、図にしてみたけど…合ってる？

うん、いいんじゃない？

あらためて、どの岩石もほかの岩石になる可能性を持ってるってことがわかるね。

それと、この「石の変化」にも、やっぱり「マグマ」が大きく関わっているのがわかった。火成岩だけじゃなく、全体的に。

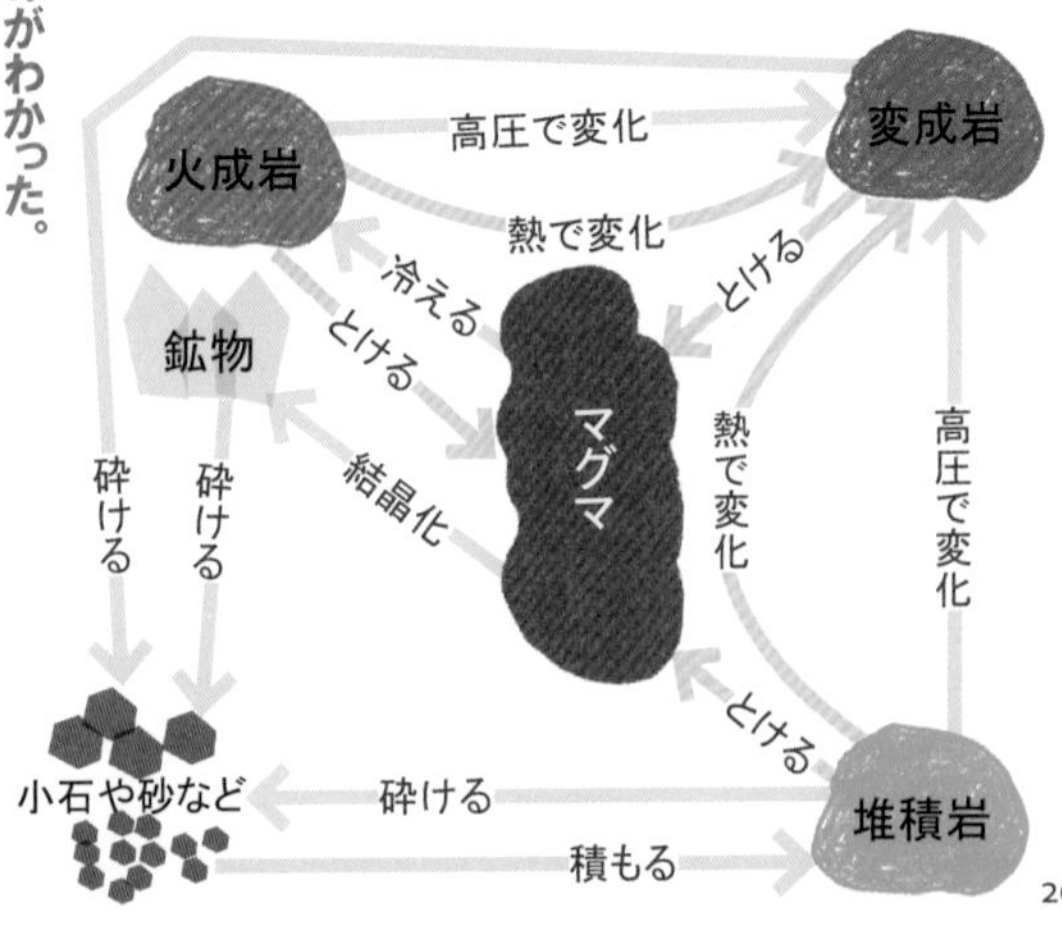

火成岩
変成岩
高圧で変化
熱で変化
冷える
とける
とける
鉱物
マグマ
結晶化
熱で変化
高圧で変化
砕ける
砕ける
とける
小石や砂など
砕ける
積もる
堆積岩

その通り！

マグマ……って、そもそも、何だ？深く考えたことなかったな……

鉱物ができる時もマグマが関わってたね。

↓
P16

地球の中から飛び出てくるけど…地球の……どこにあったものなんだ？

何《ナニ》でできてるの？　成分は何なんだ？？

マグマって……ナニモノ？

→この印象しかないよ。

ちょっと ここで ◆ ところで「マグマ」って？

原始の地球は、
グツグツと煮えたぎる
星だったそうな。
惑星やら塵やらが
ぶつかっては合体し、
その衝突のエネルギーで
アツアツなカタマリに……

ゴガーン
ガゴーン

それが次第に
落ち着いてくると、
外側からゆっくりと
冷めていき……

今はその名残りのように、
真ん中だけが、
高温を保っている、
とか。
太陽と同じ6000℃とも

あっ！ その真ん中のアツアツ部分が「マグマ」か？

それが違うんだよー

そこは「核」といい、おもな成分は鉄。
それを包むようにあるのが「マントル」、
これがじつは岩石で……

その岩石が、核からの熱でとけ、
上昇してきたものが、「マグマ」。
＊地殻がとけたものもマグマ

マントルがチョコレートとして、マグマはそれがとけた状態、地殻はそれが冷えてまたかたまった……と考えるとわかりやすいかな。

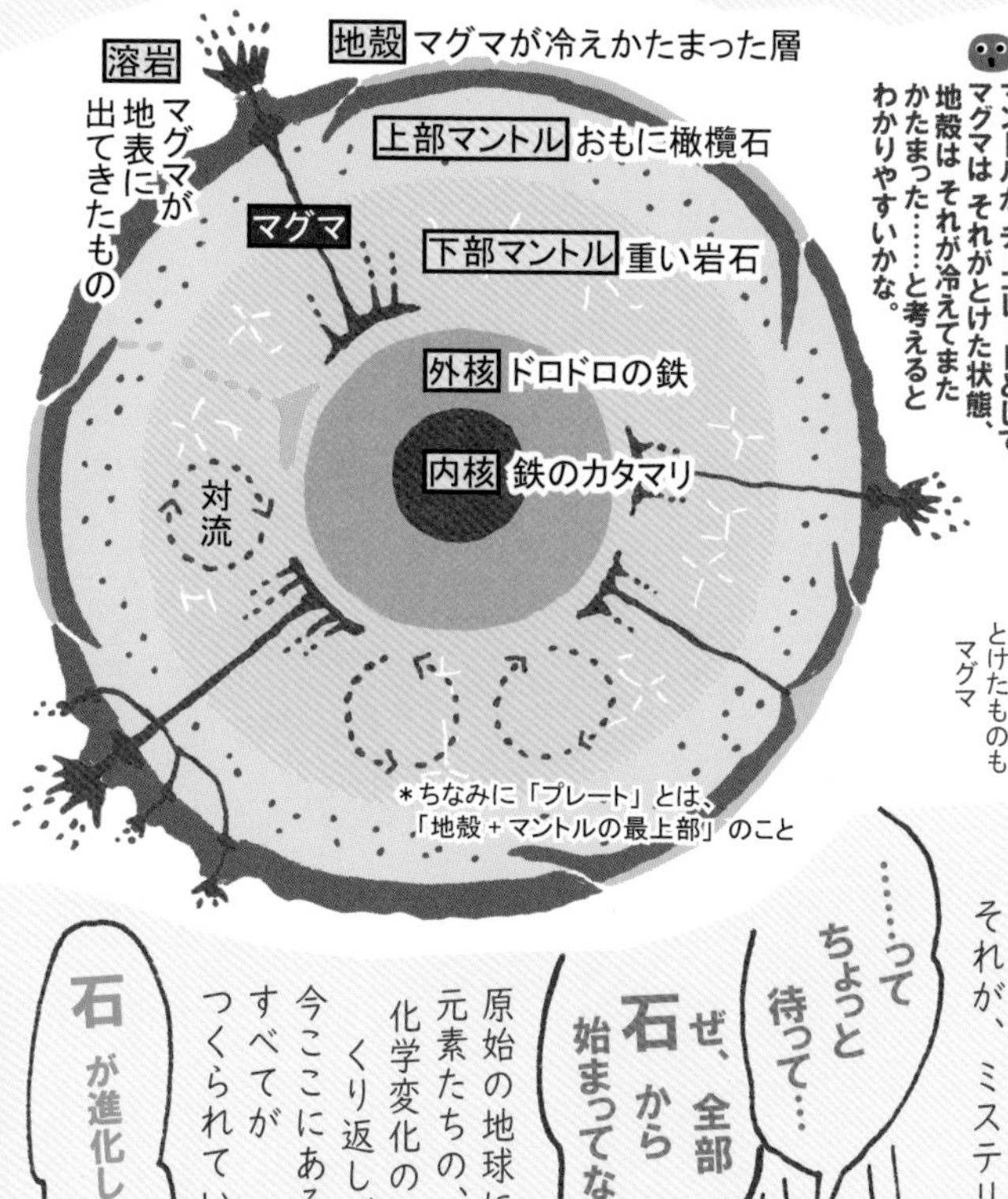
地殻 マグマが冷えかたまった層
上部マントル おもに橄欖石
下部マントル 重い岩石
外核 ドロドロの鉄
内核 鉄のカタマリ
溶岩 マグマが地表に出てきたもの
マグマ
対流

＊ちなみに「プレート」とは、「地殻＋マントルの最上部」のこと

つまりマグマは、
地中の岩石（マントル）がとけたもの。
それは、いろんな成分でできている。

もとは、ほかの小惑星や隕石と
変わらない組成だったはずの地球。
そこに、大気や海水、水の循環が生まれ、
そして、生命……という、
独特な組成のものが生まれ出てきた……
それが、ミステリーな、地球の歴史……

……って ちょっと 待って…
ぜ、全部 石 から 始まってない？
原始の地球に集まった
元素たちの、
化学変化の
くり返しで、
今ここにあるもの
すべてが
つくられている…
み、みんな 石 から 生まれたの？
石 が進化してきたの!?
生き物だろうが
人工物だろうが
始まりはすべて……
石？

マグマって何?……から、
自分の祖先は石? まで行ってしまった……ハアハア

ちっちゃくなって、石の中に入ったと思ったのに、
いつのまにか、おっきな地球の話になってた……

石の世界って……ミクロでマクロだよね……

(笑)戻るね。いろんな種類の石があるのは、
まさに、マグマのおかげって話。
マグマは、「石のもとになる成分」が、
高温で、ドロドロにとけている状態。
だから……

その成分の割合によって、
違う種類の岩石になるし

例 石英が多いと流紋岩
少ないと玄武岩

その冷え方によって
姿の違う石になったり

例 地下でゆっくり冷えると花崗岩
地上付近で急速にかたまると流紋岩
噴火して飛び出したマグマは、
軽石、黒曜岩、火山灰などにも

冷える時、結晶化して
鉱物をつくったり

例 石英や水晶

すでにできた岩石を
変化させたりもするね。

例 石灰岩が大理石に、
堆積岩を変成岩にする など

あと……

アノォ……ドウモ~
オハナシチュウスミマセン

あ、珪素君と酸素君!

久しぶり~

えっと……君たちは、化学的に結合して、
ペリドット(橄欖石)っていう鉱物になるんだよねっ!

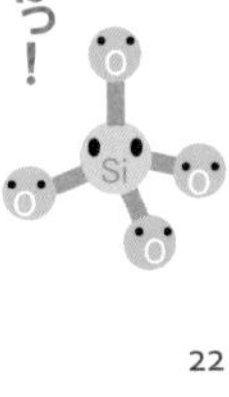

そ、そうなんですが、じつは、それだけじゃなくて……
僕たちのユニットが、いろんな形に並ぶことで、
また違った鉱物になるんです……たとえば

レンケ~ツ
サイクローン!

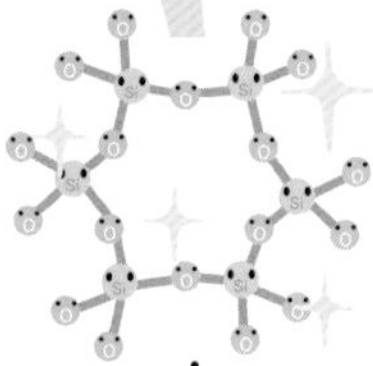

……ってなると、エメラルドや
トルマリンになっちゃったり…

ほかの元素君も
合流したりするんですが…

えっ、そうなの?

それどころか彼らは、何千種もある
「鉱物」の、その大多数に絡んでるんだよ。
さらに、「造岩鉱物」の
大部分も、彼ら。

↓ P16

珪酸塩鉱物と呼ばれるよ。

ええ~

鉱物・岩石のほとんどに、
君たちが絡んでるぅ!?

想像以上に、複雑な世界……

せっかくわかったと思ったのに、わかんなくなってきちゃった……

ドウモ~
あらためて、
ユニット名
「SiO_4 四面体」
で~す!

名前だけでも
覚えて帰って
くださいねー

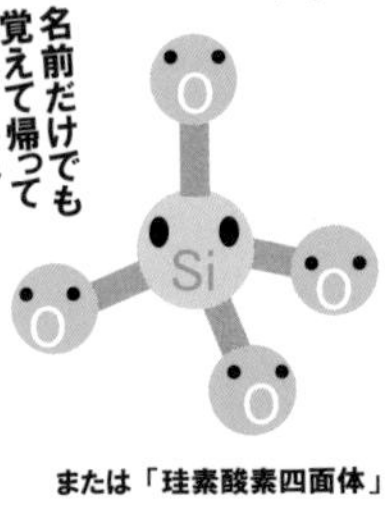

または「珪素酸素四面体」でーす。

その
2 比べることで　わかること

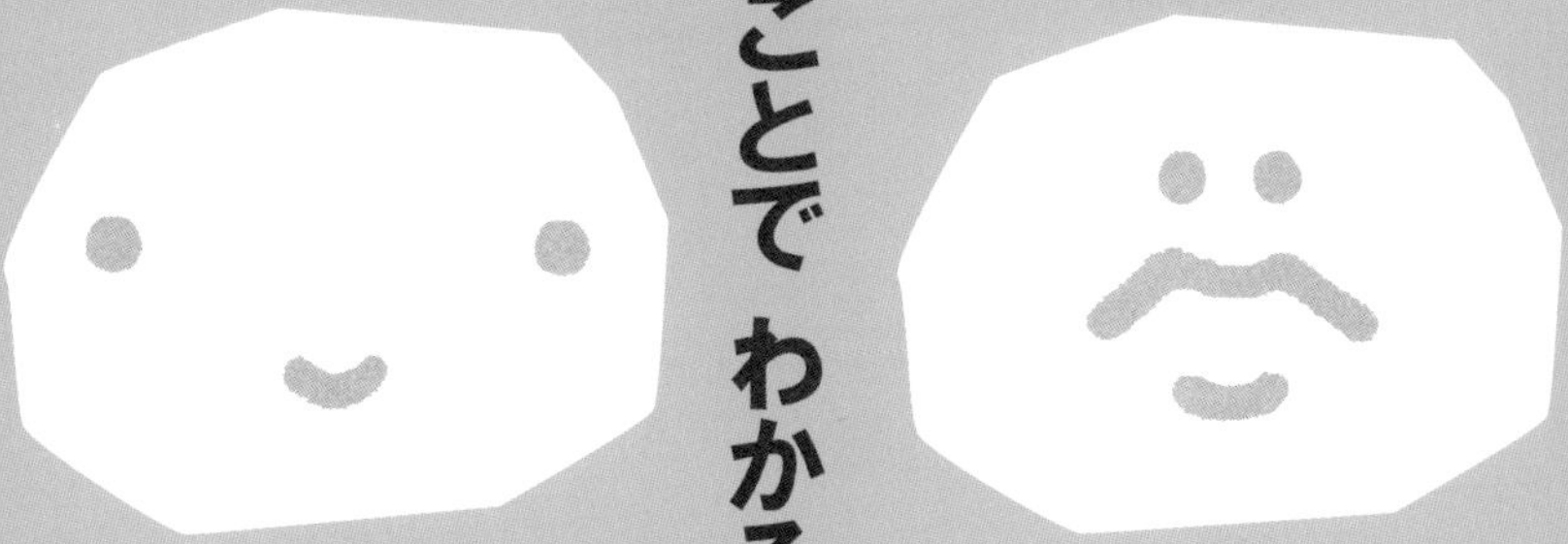

今の話は進めるとムズカシイので
ちょっとおいといて……

この章では、鉱物を比べてみようか。

鉱物の中でも、わりと身近な
「宝石」系の石を使って、

何が同じで何が違うか……
それを考えてみるってのはどう？

そうすると、鉱物のことが
わかってくるかもしれないよ。

……だって。

信じてみる？

同じ成分なのに、違う鉱物になる

一番有名な「比較」といったら
これかな。
キングオブ宝石、のこれ。

ダイヤモンド（金剛石）

カットしたもの

原石

うん、まさしく。

……と、これ。

グラファイト（石墨・黒鉛）

真っ黒…
不透明…

鉛筆の芯の原料だよ。

ん？ ダイヤと鉛筆に、
どんな関係が？

この2つの鉱物は、どちらも同じ
「炭素」という元素でできてるよ。

ドウモー
タンソっす

元素記号はC、
またの名は、カーボンっす

えっ、これとこれ、
同じ成分でできてるの!?

同じ元素なのに、
何が違うと、違う鉱物に
なっちゃうわけ？？

2つ以上の元素なら
その比率かなとも思えるけど
ひとつの元素だよ？？

手のつなぎ方が違うんだよ。
「結晶構造」ってやつね。
↓
P15

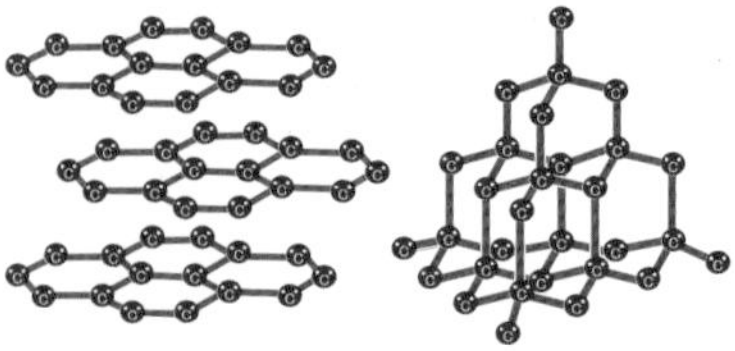

ジャングルジムみたい。
立体的に
がっちり
手をつないでるよ。

こっちは
「層」になってる？
層どうしの
結びつきが弱く、
はがれやすいんだ。

＊同質異像（または多形）といいます

その違いで、
ダイヤモンドと、鉛筆の芯か…

見ためも違うけど、
かたさが全然違うんだよ。
ダイヤモンドは、最高硬度の10、
グラファイトは反対に、
最もやわらかい、
1〜2なんだよ。

＊モース硬度

はぇ〜

同じ成分
なのに、
この違い
……

でも、
そもそもなぜ、
手のつなぎ方が
変わるの？

成長した「環境」の違いだよ。
ダイヤモンドは、地下深くの、
マントルの中でつくられるんだよ。

高温&高圧な
ところね。

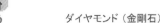

「他人の空似」…な鉱物

次は、反対に、全然違う成分なのに、見ためが似てる2つを並べてみるよ。まずはこれ。キングオブ金属、かな。

ゴールド（金）

自然金

だね。

……と、これ。

パイライト（黄鉄鉱）

これ、成形されてない、自然なままの形なんだよ。

えっ、なにこれ キンピカ。見ため全然「金」じゃん！

形もカッコイイし。

パイライトは、硫黄と鉄が結びついてできる鉱物だよ。

硫黄と鉄か。金とはまったく違う成分だね……

昔から金と間違える人が多く、「愚者の金」ともいわれているよ。

えっ、でもそっくりならよくない？

金だっ
金だっ

愚者 →

これも似てるでしょ。

水晶

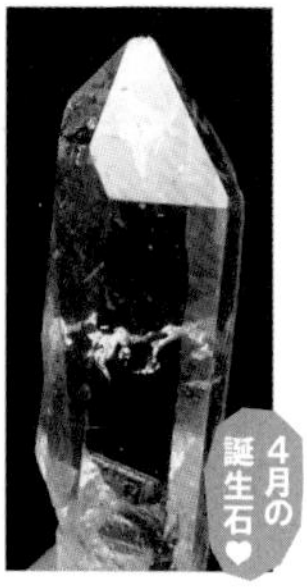
4月の誕生石♥

と

トパーズ（黄玉）

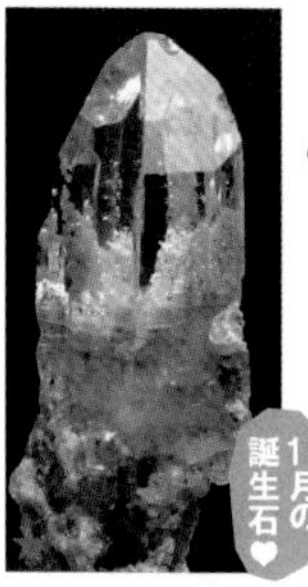
11月の誕生石♥

うん、そっくり。見分けられるものなの？

こんなふうに原石の状態なら、知識があれば、結晶の形状などからある程度見分けがついたりするよ。

そうなんだー

カットされたり磨かれたりしてしまうと、見ためで見分けるのはムズカシイこともあるね。

はー、そういうものなんだ…

これらは、すべての結晶が似てるわけではなく、個体によっては似てるものがある、ということね。

これも「他人」だよ〜

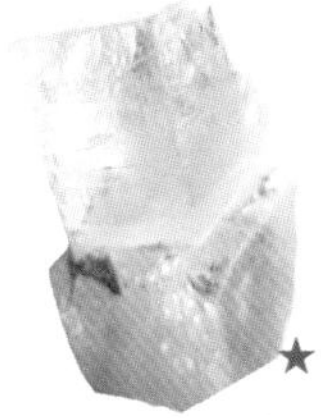

アクアマリン（藍玉）

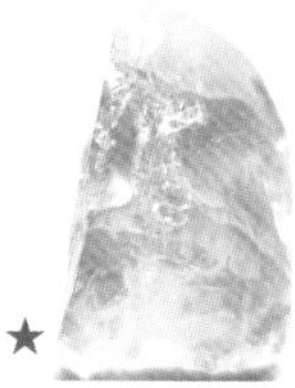

ブルートパーズ（黄玉）

2月の誕生石♥

アメシスト（紫水晶）

紫のフローライト（蛍石）

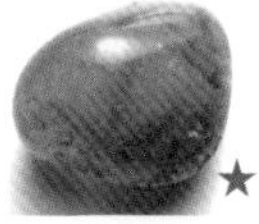

ほんとだ。磨くと区別つかないね。

この2つの場合、UVライトを当てて、反応するほうがフローライト、って見分け方もあるよ。

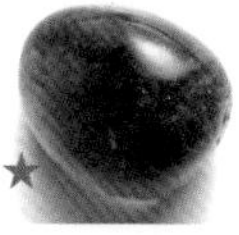

同じ鉱物なのに、色が違う

次は、この2つを比べてみるよ。
これと……

水晶（クォーツ）

うん、超有名。

……これ。

ローズクォーツ

これも有名！
ピンク色が かわいい石だよね。
……で、どういう関係？

この2つの石は、
鉱物としては同じものなの。

えっ、似てるじゃなくて、
同じ？

うん。主要な成分も、
手のつなぎ方も、同じ。

成分は珪素と酸素
化学式は SiO_2

鉱物名では「石英（クォーツ）」。
水晶でもOK。

全然違う石だと思ってた……

だって、色が違うじゃん？
同じっていわれても……

入り込んだ微量の元素などによって
色が付いて見えるだけなの。
基本の成分や、手のつなぎ方は同じ。
それは、「鉱物的には同じ」って
ことなの。

へぇ、呼び名も変わっちゃって、
まったく違う石みたいだよね。

でも、ローズ「クォーツ」だからね。
直訳すると、薔薇の「水晶」だよ。
和名は「紅水晶」。

あ、ほんとだ。

＊石英≒水晶については、P37 ～ 39 に詳しく

次の3つも、水晶の仲間だよ。

えぇ…、名前に
「クォーツ」が入ってないじゃん。

そうだけど……和名を見てごらん。

シトリン

和名「黄水晶」だよ。

アメジスト

「紫水晶」ね。

モリオン

その名も「黒水晶」。

えー、
モリオンって
真っ黒な
石だよね？
これも水晶の
仲間なんだ～

見ためからも英名からも、
水晶の仲間ってわかりにくいけど、
和名で納得、のパターン。

＊色の要因…紅水晶（Ti）、黄水晶（Fe・構造欠陥）、紫水晶（Fe） 黒水晶・煙水晶（Al）

同じ鉱物なのに、色が違う　その2

次は、この2つ。
これと……

ルビー（紅玉）

これ。

サファイア（青玉）

あ、さっき いってたやつ。
↓ P14

どっちも、超有名な宝石だよね。

たしか、同じ成分で できてるって いってたけど、まさか…

そう、この2つも、同じ成分で、同じ結晶構造。

成分はアルミニウムと酸素
化学式は Al_2O_3

えっ、この2つが!?

「コランダム（鋼玉）」という、同じ鉱物なの。

仲間どころか「同じ」なのね……

これもまた、入り込んだ元素の種類や量によって違う色になり、違う名前で呼ばれてるの。

こんなに有名な2つの宝石が、ほぼ同じものだなんて……

赤いのがルビーで、青いのがサファイアか……

それが、そうでもなくて……

え？

赤い*のがルビーなのは、そうなんだけど……
赤以外の色のもの全部をサファイアって呼ぶの。

＊正確には真紅

なにそれ～？

サファイアには青以外に、緑、紫、黒、黄色、ピンク、オレンジ……無色透明なのもあるよ。

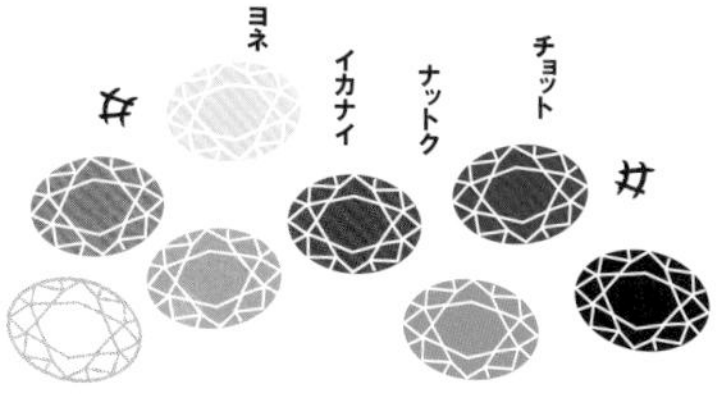

＊イメージです。本来の色とは違います

そーなんだーー！

同じ鉱物なのに、色が違う　その3

この2つも、前頁と
同じ関係にあるよ。
これと……

エメラルド（翠玉）

5月の誕生石♥

これも超有名！
私の誕生石。

……これ。

アクアマリン（藍玉）

3月の誕生石♥

海（マリン）の
水（アクア）って
意味だよね。

どちらも同じ、
「ベリル（緑柱石）」という鉱物で、
クロムという元素が入ることによって
きれいな緑色になり、
鉄が入ると、この美しい水色になる。

Cr ね。　Fe ね。

えー、鉄で？
なんか赤くなりそうだけど。

ほかにも
ピンクで「モルガナイト」、
黄色で「ヘリオドール」……と、
それぞれに宝石名が付いているよ。
「ミックスベリル」って言葉、
聞いたことない？

あ、ブレスレット持ってる！

水色…アクアマリン
ピンク…モルガナイト
黄色…ヘリオドール
明緑…グリーンベリル
無色（白）…ゴシェナイト

これ、全部
同じ鉱物なのか〜

色って……
わずかに取り込まれた元素によって、
こんなにも変わるんだね。

えーと、じゃあ、
鉱物っていうのは……
クロムが入ると緑色になって、
鉄が入ると水色になる……
ってことでOK？

それが、
そうとも限らなくて……

ん？

同じ元素が入り込んでも、同じ色になるとは限らない

この2つを比べてみるね。
これと……

エメラルド（翠玉）

お、また登場？

……これ。

ルビー（紅玉）

これもさっき出てきたよ。
どっちも有名どころだけど……

エメラルドは「ベリル」、
ルビーは「コランダム」という
鉱物だって、さっきいったよね。
ベリルもコランダムも、
不純物が無い状態では
無色透明な鉱物なんだ。＊

それで、それぞれに
別の元素が入って、
色が付いたんでしょ？

エメラルドは
クロムという元素が入って
緑色になったんだよね。
ルビーが赤くなったのは
何ていう元素？

それが、ルビーを
赤く見せているのも
クロムなんだ。

え～？？？

なんで～？

＊実際には、自然界では無色透明で産出されることはまれ

えーと、
ベリルとコランダムでは、
結晶構造が違うから、
同じ元素が取り込まれても……

そもそも元素が入り込んで
色が付くといっても、
そのメカニズムはいくつかあって……

ごめんっ！
説明すると長くなる……

とにかく、
ここで伝えたかったのは、
何が入ったから何色って、
そんな単純なものでも
ないってことで………

えーと………………

わかんないけど、
わかったー

え、いいの？

うん。
詳しい説明聞いたら
たぶんよけい
わかんなくなるし～

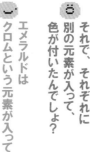

同じ色なのに、その要因は様々

次は、前の頁と逆で、「同じ色なのに、その要因はそれぞれ違う」というくくりでまとめてみたよ。 ＊一例です

これらの鉱物は、どれも本来は無色透明のもので、様々な要因でその色になっているよ。

青

カラーダイヤは現物ナシ、イラストで～

要因の説明はざっくりなので参考程度に見てね。

ダイヤモンドに B

イメージ

→ブルーダイヤモンド

トルマリンに Fe

→インディコライト

トルマリンに Cu+Cr

→パライバ トルマリン

ベリルに Fe

→アクアマリン

コランダムに Fe と Ti

→サファイア

はえ～
きれいだな～

元素記号と元素名だよ。

Mg…マグネシウム
Cr…クロム
Mn…マンガン
Ni…ニッケル
Fe…鉄
N…窒素
Co…コバルト
Ti…チタン
Cu…銅
B…ホウ素

1月の誕生石♥ 10月の誕生石♥

ガーネット（柘榴《ざくろ》石）は1月の、トルマリン（電気石）は 10 月の誕生石だよ。（色はとくに指定なし）

ピンク～赤

トルマリンに Mn

→ルベライト

赤なら鉄、ピンクならマンガン…とか、入ってる元素の色をイメージしていたけど、それだけじゃないのね～

ないのね～

格子欠陥というよ。

ダイヤモンドの結晶の手のつなぎ方が乱れ…

イメージ

→ピンクダイヤモンド

イメージ

→レッドダイヤモンド

ベリルに Mn

4月の誕生石♥

→モルガナイト

→レッドベリル

コランダムに Cr

→ピンクサファイア

→多く入ると

→ルビー

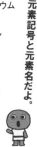

緑

ガーネットに Cr

→デマントイド

トルマリンに Fe

→ベルデライト

コランダムに Co

→（グリーン）サファイア

ダイヤモンドに放射線

→グリーンダイヤモンド

ベリルに Cr

→エメラルド

ベリルにFeでグリーンベリル（ミントベリル）（ライムベリル）もあるよ。

色っていうのは、「鉱物の分類」としては、そんなに重要な部分じゃないというか……ちょっとした要因で変わるものなんだね。

「宝石」としてはとっても重要なところなんだけどね。

同じ鉱物だとわからぬまま、先に名前がついて流通したものも多いんだよ。

ひとつの結晶に、何色も見られるものもあるよ。たとえば、トルマリン。

バイカラー、トリカラー、マルチカラー、パーティー…などと呼ばれています

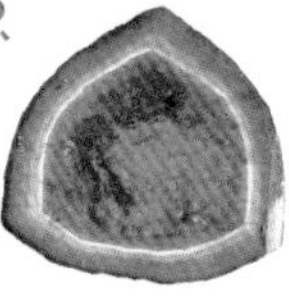

ウォーターメロン

なぜその色になるのか、解明されてないものもあるんだよ～

フローライトは、もっともカラフルな鉱物といわれているよ。

黄～褐色

コランダムに Ni

→（イエロー）サファイア

ダイヤモンドに N

→イエローダイヤモンド

トルマリンに Mn

→カナリートルマリン

トルマリンに Mg

→ドラバイト

ベリルに Fe

→ヘリオドール

（イエローベリル）
（ゴールデンベリル）

ガーネットに Mn

→スペサルティン

自色と他色

次は この2つのグループ。何が違うと思う？

ターコイズ（トルコ石）

アズライト（藍銅鉱）

どちらも、マットなかんじの青だね。

……と、これら。

コランダム代表
サファイア

ベリル代表
アクアマリン

トルマリン代表
パライバトルマリン

それぞれの指輪だね♥

これらも青系だけど……
こっちは透明感があるというか……

いいところに気がついたね。

右のグループは、
その鉱物を構成する
「主成分そのもの」に
色の要因があるもの。
↓
自色鉱物

左のグループは、
微量に含まれる
「不純物などにより」
色が付いて見えるもの。
↓
他色鉱物

ふーん……でも……
「色が付いて見える」
っていうけど、実際に
色が付いてるじゃない？
区別して考える理由が
よくわからないんだけど…？

あ、そう……
じゃあ、石、割ってみようか。

えっ、割るってなんで？
もしかして、怒った？？

そうじゃないよ（笑）
粉にしたり、
ひっかいたりすると、
違いがわかるんだよ。

左のグループは、
どんな色の石だろうが、
粉々にしちゃうと、みんな
白く（透明）になっちゃうんだよ。

うそーん。

これらは、
もともと無色透明な鉱物なの。

P26〜31で
紹介してきたものは、
全部この、他色鉱物だよ。

水晶、ダイヤモンド、コランダム、ベリル、トルマリン、フローライト…

えーっ、
さっきのきれいな石、
全部そうなの!?
エメラルドもルビーも!?

じゃあ、真っ黒なモリオンも？
割ると白くなるの？
ちょっと信じられないんだけど……

黒水晶だね。
じゃあ、それを
実験台に
してみようか。

えーっ、やだよ〜！

でも見てみたい……

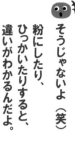

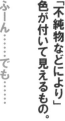

突然実験 ◆「色」の秘密を覗いてみよう

長い年月をかけ育った結晶。割っちゃうなんてなかなか勇気がいりますが……

犠牲となるモリオン君。

かたい土台の上に置き、ハンマーで叩く。

ハンマーの重みで落とすかんじで、力は不要

ゴトン
ハンマー
土台

↑
飛び散らないよう、大きなビニール袋で全体を覆う

石英の仲間は火打ち石にもなるから、ありうるね。

わっ、今火花出た!? 気のせい？

へぇ～！

カケラになりました。

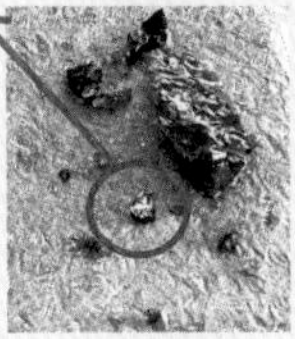

でもまだ黒いな。

そのひと粒を叩いてみると…

ゴンッ

あれっ？ ない！飛んでっちゃったか？

いや、ちゃんと叩けてるよ。よく見てごらん。

あっ！粉々になったら色が薄くなって見えなかったのか！

残りも叩く。

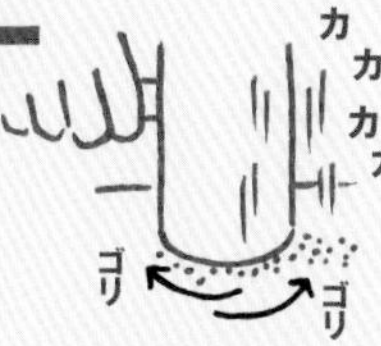

カ
カ
カ
カ
ゴリ
ゴリ

ハンマーの付け根を持ち、小刻みに叩く。時々すりつぶすようにして

だいぶ粉々になったけど、白っぽいね…

粒の表面に傷がつくから白く見えるんだよ。すりガラスみたいにね。

でも拡大して見てごらん。

約 1mm の世界

あっ、透明だ！

真っ黒だったのにねー

他色鉱物の不思議……

体感できたかな？

せっかくだから、自色鉱物も割ってみようか。

犠牲となるアズライト君。

これはもろいので、わりと簡単に崩れるよ。

モリオンと同じように叩く。

叩いてみるとかたさの違い感じるね！

もうこんなに細かくなった。

さらに叩いて…

少し白っぽくなったけど色はしっかり残ってる。

これは、岩絵の具の原料だよ。

えっそうなんだ！

拡大してみると……

約 1mm の世界

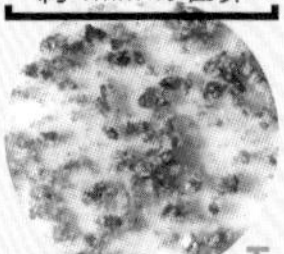

モリオンの粒とは、質感が違うね。

絵の具にする場合は、もっと細かくするよ。

↓
P139

せっかくなので石さんを描いてみた。

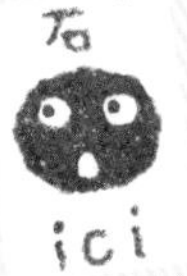

石
ici

これも自色鉱物だよ。ガーネットの一種。

アルマンディン
（鉄礬《てつばん》柘榴石）

そうなんだー こんなに透明感があるのに……

原石が無かったので穴ありの丸玉を使います～

同じように叩くがモリオンよりかたくて苦戦。

穴が開いてるから簡単に割れるかと思ったら…

はぁはぁ、なんとかカケラレベルに…

かわいい！いろんなピンク♥

さらに叩いて……

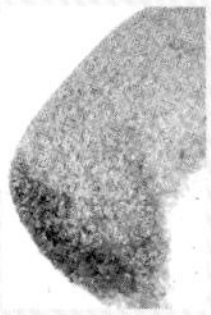

色みが薄くなってきたね。

「桜鼠《さくらねず》」という、灰色がかった桜色の岩絵の具になるよ。

桜の花びらを描いてみた。

昔は「絵を描く」ことより、「絵の具をつくる」ほうがよほどクリエイティブな作業だったんじゃない？

たしかに～

＊石が飛び散ったり、粉塵が出たりします。マスク、ゴーグル（メガネ）、手袋を付けましょう

＊実験の方法は いろいろあります。一例としてご覧ください

＊実験用の石は、石の人にご提供いただきました

同じ鉱物なのに、形状が異なる

＊一般に「石膏」という場合、硬石膏（アンハイドライト）を含むこともあります

次は「同じ鉱物でも、結晶の形はいろいろ」の一例だよ。
これ全部、「石膏（ジプサム）」という鉱物。

＊ここで「結晶の形」という言葉に「?」となった方は、先にP41を読んでみてくださいね

石膏ボードやギプスの材料でもあるね。

透石膏（セレナイト）

石膏の、透明な結晶を、セレナイトというよ。

石膏って白いと思ってた～

メキシコで見つかった巨大な結晶、「クリスタルの洞窟」はこのセレナイトなんだよ。

上の3点はそこの石だよ。

繻子《しゅす》（繊維）石膏（サテンスパー）

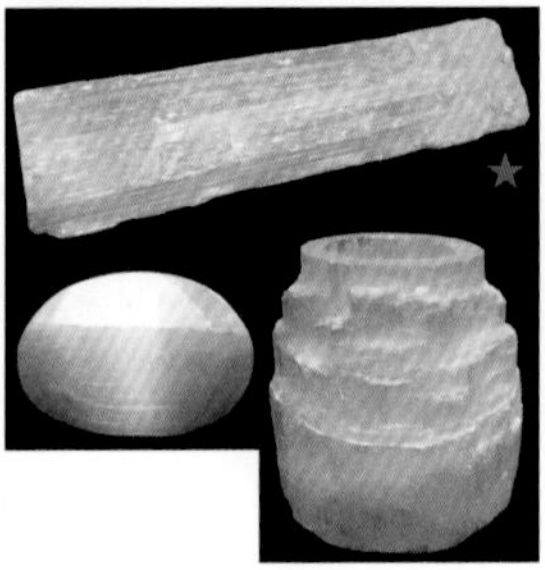

これは繊維状の結晶の集合体。

名前の由来は、サテン生地？
光沢が、そんなかんじ……

宝石市場では、これをセレナイトといったりしてるね。

雪花石膏（アラバスター）

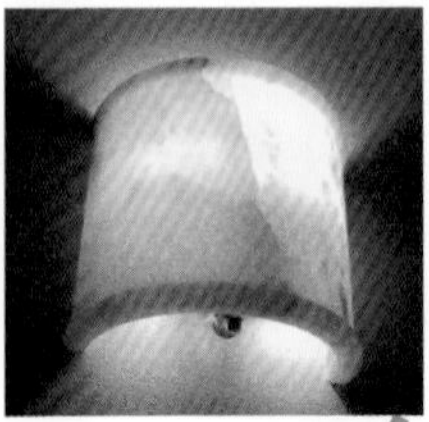

壁面の間接照明。

灯りが ほどよく透けてキレイ～

これは、粒状の結晶の集合体。
アラバスターと呼ばれているよ。

アラバスターって、石膏の一種だったんだ！

大理石に似てない？

そうだね。で、大理石よりやわらかいから、彫刻や細工に適しているよ。

＊古代エジプトの遺物でアラバスターという場合は、カルサイト（方解石）を指すようです

あとこれも石膏だよ。
これは、花弁状の結晶の集合体。

あっ、砂漠のバラ！
ええっ、これも石膏なの？？
砂が かたまっただけかと思った。

砂が一緒に結晶化したから見ため、砂色でザラザラしてるけど、本来は、透明で滑らかなんだよ。

私も持ってるよ、砂漠のバラ。
モロッコで手に入れたの。

あー、それは、石膏じゃなくて、＊違う鉱物がもとになってるんだよ～

＊重晶石（硫酸バリウム）

へー、そうなんだ～！

ドイツ産

メキシコ産

このへん、透明感ある

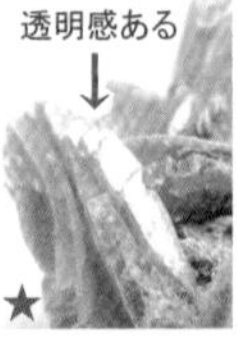

通称セレナイトローズ

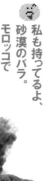

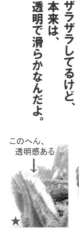

バラの花びらのふちが透けてる！

通称バライトローズ

これらの石の意外な関係（変化して違うものになっていく）

じゃあ次……この石、知ってる？

あ、これ、文字が二重に見える石。

えーと……方解石だ！

そう、有名な鉱物だね。

英名はカルサイト

ちなみにこれ ぜーんぶカルサイトだよ。

えー、そうなんだ。

カルサイトにはいろんな色や形状があるんだよ。

透明な四角いのだけじゃないんだね

＊ P90 ～の博物館にもあるから探してみてね

じゃあ……そのカルサイトと、「石灰岩」の関係……わかる？

石灰岩（ライムストーン）

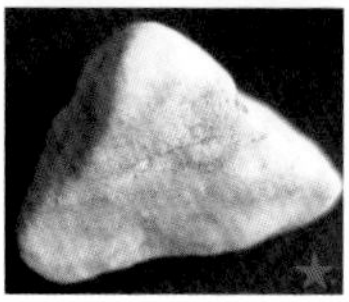

これって、鉱物じゃなくて岩石だよね？

ピラミッドも、たしかこの石を使ってるよ。……カルサイトとの関係？

さらにもうひとつ、この石も。

大理石（マーブル）

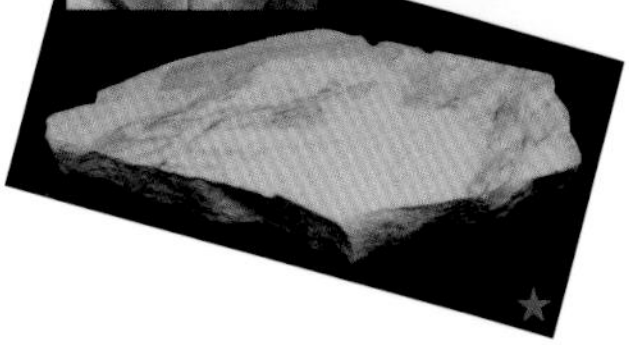

え、大理石？ そういえば、大理石ってなんなんだ？ きれいだから鉱物みたいだけど、おっきいカタマリだから……岩石か？

あ！ 岩石の種類をまとめた時に出てきた気がする！

えーっと えと

石灰岩と大理石は…

→ P18 だよ～

これら3つは、ほぼ同じ成分で できてるんだよ。

同じ成分!? じゃあ、なんで違う石なの？

まず、「カルサイト」とは炭酸カルシウムから成る鉱物。

化学式は $CaCO_3$

鉱物ね、了解。

そして「石灰岩」は、その炭酸カルシウムが堆積してできた、岩石。

そ、そーなんだ……

前の頁で、岩石は何種類かの鉱物が集まってできてるっていったけど、

→ P16

石灰岩は、ほぼ炭酸カルシウムだけでできた岩石なんだよ。

＊ 50%以上含むものとされる

で、その石灰岩が、マグマの熱によって変化したものが、「大理石」。

岩石学でいうと「結晶質石灰岩」。

へぇ～、大理石って、そういうものだったのか。

＊石材として「大理石」という場合はP18を見てね

えー、整理すると……大理石は、カルサイトの堆積岩の変成岩……でいいのかな？

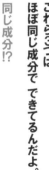

そういえば、さっき
珊瑚や貝殻由来の石がある…
とかいってたよね。

↓
P9

あ、う、うん……違った？

まさに この「石灰岩」がそうだよ。
珊瑚や貝殻の遺骸が積もって
できたんだよ。*

よかった〜

「鍾乳洞」も、その多くが石灰岩だよ。

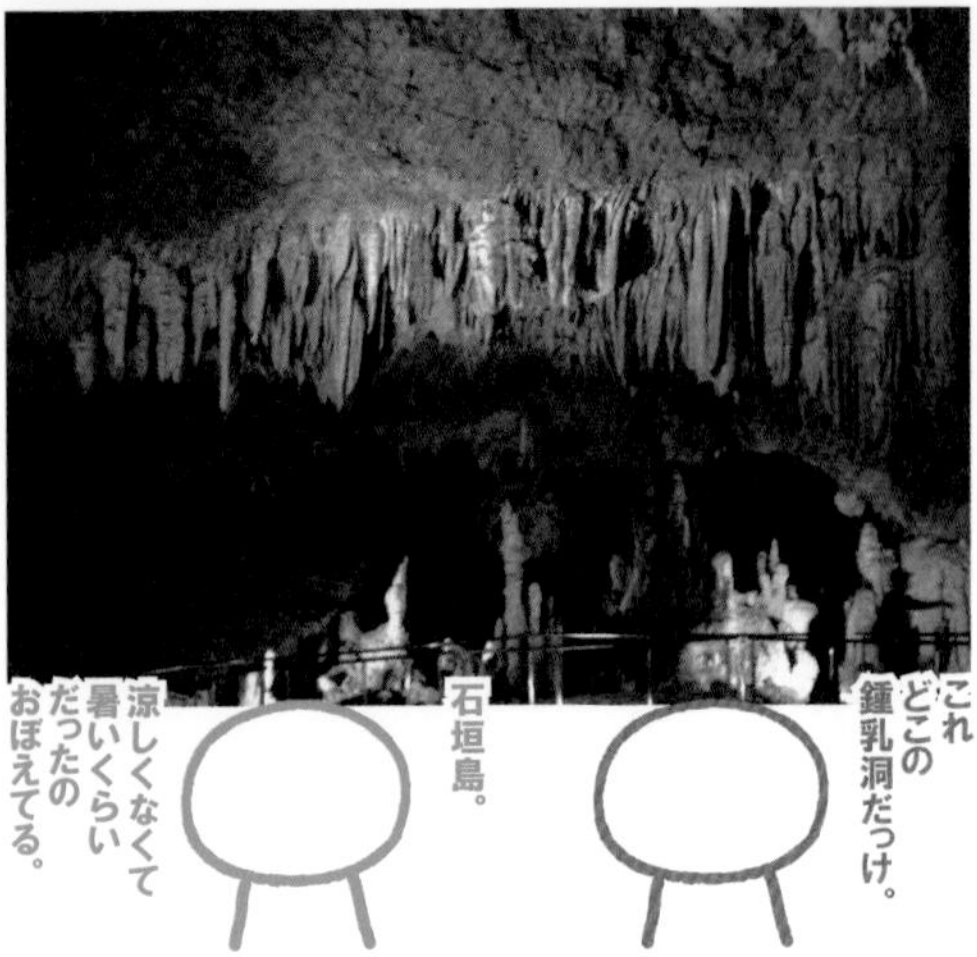
これ
どこの
鍾乳洞だっけ。
石垣島。
涼しくなくて
暑いくらい
だったの
おぼえてる。

* 生体鉱物といいます。
化学的な沈殿でできた石灰岩もあります

そうなんだ……
でも、
どうしてこんな
不思議な景観が
できあがったの？

ざっくりいうと……

海底にあった石灰岩が隆起する。
↓
酸性の雨水や地下水が
石灰岩（炭酸カルシウム）をとかし、
長い年月をかけて空洞ができる。
↓
で、その水分（石灰岩の成分たっぷり）
が、その空洞の中で
また結晶する……

つまり
カルサイトになる。

とけてまた
結晶か……

次、鍾乳洞に行ったら、
今聞いた成長の過程を想像しながら
見学すれば、楽しそう！

ところで……
カルサイトというと、必ず対のように
「アラゴナイト」って出てくるんだけど。

……どういう関係？

アラゴナイト（霰石《あられいし》）は、
カルサイトと同じ成分で
できてる鉱物だよ。
で、手のつなぎ方（結晶構造）が
違うから、違う鉱物なの。

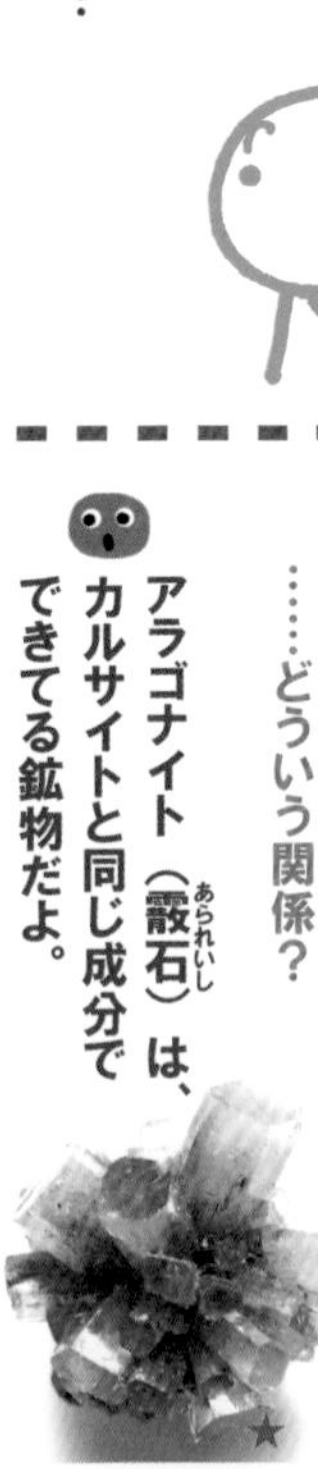

あ、それって、
ダイヤモンドと黒鉛と同じ関係だね！

↓
P24

同質異像！

「石灰石」っていうのも、この仲間？

うん。それは、これらを
「資源として」扱う時の呼び方だよ。
セメントの原料とかね。

まとめまーす。
えー、化学的には炭酸カルシウム、
鉱物だとカルサイト（方解石）、
アラゴナイト（霰石）、
岩石だと石灰岩、大理石、
産状で名が付いたり、
用途での呼び方があったりします。
で OK ？

* 英語だと、石灰岩も石灰石も
同じ、limestone……

石英の仲間は、１頁では 語り尽くせない

次は、これ……

水晶

また水晶だ。

……と、これら。

瑪瑙（めのう）

★

瑪瑙と水晶……
関係あるの？
似てないけど。

これらは全部、
「石英」の仲間だよ。

同じ仲間!?

成分でいうと、彼ら。

↓
P22

ヒサシブリー
ドモ
ドモ
ドモ
ドモ
Si
O

あ、
珪素君と
酸素君！

ここにも
絡んで
るのかー

で、なんでこんなに
見ためが違っちゃうわけ？？

簡単にいうと、
結晶が 大きいか小さいか、なの。

ひとつの結晶が
成長して
できてるのが、
水晶。

おっきい
結晶
１コ

ちっちゃい結晶が
いっぱい集まって
できてるのが、
瑪瑙。

ちっちゃい
結晶
たくさん

うーん（ムズイ）……と、とにかく、
結晶の大きさは違うけど、同じ成分で
同じ手のつなぎ方（結晶構造）だから、
同じ石英の仲間……ってことなのね。

ちょっと質問！
カルセドニー とか アゲートって
いうのもあるよね？
「瑪瑙」とは、どういう関係？

ちょ、ちょっと待って。
その前に、私の場合、
石英、水晶、クォーツ…

このへんの言葉から すでに
ごちゃごちゃに なってるんですけど…

あ、じゃあ、それ系でいうと、
二酸化珪素、シリカ、クリスタル……

このへんの言葉も関係ある？
あと、「ガラス」との関係も、モヤモヤしてる……

で、
化学式は
みんな
Si…O2？

だよね〜……これ、
ヤヤコシクなってるのは事実……

この、石英の仲間たちは、
地表の75％くらいを占めている
重要な物質。

それに、アクセサリーとして
扱われてるものも多くて
身近だから、この際ちょっと
整理してみようか〜

助かります〜
わ〜い

「石英」というものを考えてみた

鉱物名は「石英」
英名だと「クォーツ」
化学式は SiO_2
その、石英の仲間を、
「結晶」という観点で
2つのグループに
分けたのがこれ。

えーと どれどれ？
石英のグループに
水晶のグループが
含まれて……
って、あれ？
そもそも全体が
「石英」なんでは？

それに
水晶も石英も
英語の鉱物名は
クォーツなんだ……

さっそく混乱……

そうだね……
「石英」は、
正式な鉱物名でも
あるけど、
一方で、
見ためで
「水晶」「石英」と
呼び分けたりもして、

の仲間

大きなひとつの結晶体（単結晶）
透明度が高い
＝顕晶質
・高温高圧の場所
・すきまにできる
・鉱液で育つ

石英（クォーツ）

見ための結晶の形を残せず、カタマリになっているもの。

これが石英脈かぁ

石英脈の岩

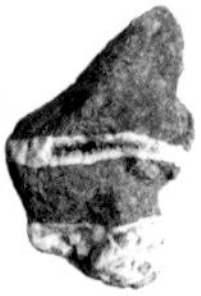

育った場所が狭かったのか、すきまを埋め尽くすように育ってしまったんだね。

石英のカタマリ

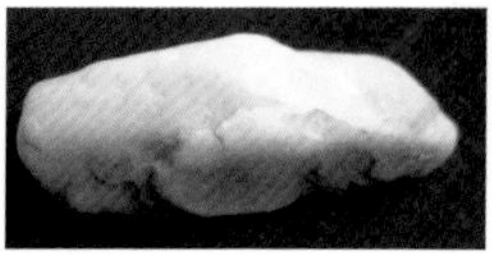

水晶（クォーツ）

結晶の形を成しているもの。さらに透明度が高い。

アメシスト（紫水晶）

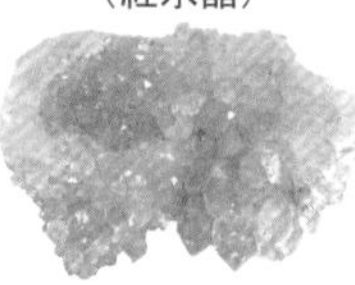

ローズクォーツ（紅水晶）

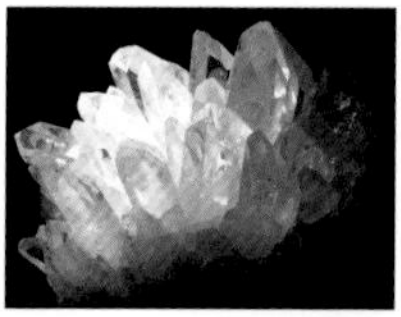

水晶

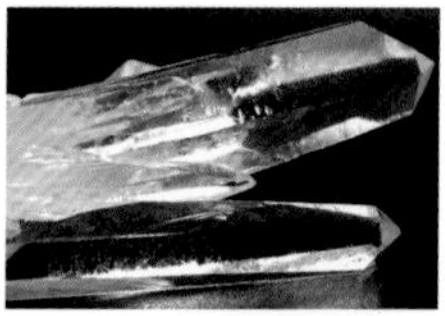

岩の割れめのすきまなどで、ぶつかることなくのびのび成長したんだね。

ハーキマー・ダイヤモンド

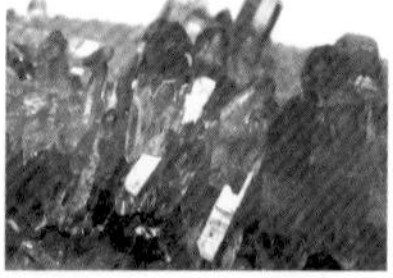

スモーキークォーツ（煙水晶）

モリオン（黒水晶）

シトリン（黄水晶）

まず、鉱物名の
和名と英名が
混在してるね。
それに加え、
宝石業界の流通名や
昔の人の勘違いも
加わって…

もっといえば、
二酸化珪素、
SiO_2、
シリカ…

上の図の
「〇〇水晶」みたいに
和名で理解しやすく
なったり、逆に英名で
腑に落ちたりすることも
あるけど……
基本、ヤヤコシイ。
たとえば、
瑪瑙とアゲートが
同じもの（和名と英名）
だったとは…

そうだね。だから、
ここでは併記してみたよ。

まぁ正直、
呼び名問題は
まだ混乱してるけど…
でも、P37の
「水晶と瑪瑙」の
関係性というか
位置関係は、この表で

＊過去には、石英と水晶を逆に呼んでいたり、玉髄を含めて瑪瑙と呼んでいた時代もあったらしい。ヤヤコシクなるわけだ…

ちょっと混乱するよね。

あとさ……今調べたら、水晶って、鉱物名は「クォーツ」だけど、英訳だと「クリスタル」って出てくる。これまた混乱……

ちなみに、無色透明な水晶のことを、英語で「ロック・クリスタル」っていうよ……

何それ、ロックって「岩」じゃん……鉱物と岩石の違いをあれだけいってたのは誰だっけ？

……ごめん。謝りついでにロック・クリスタルの和名の「玻璃」は、「ガラス」の和名だったりもする……

ヤヤコシイ！

石英

小さな結晶が集まったもの（多結晶）
半透明～不透明

＝潜晶質
・温度低めの場所
・沈殿するようにできる
・溶液で育つ

玉髄（カルセドニー）

半透明なもの。模様が無く均一。

クリソプレーズ（緑玉髄）

カーネリアン（紅玉髄）

碧玉（ジャスパー）

不純物が入って不透明。

見ためや産地に応じて、ピクチャー、ファンシー、オーシャン……などと名付けられたりするよ。

出雲石

不純物の違いなどによって、色や模様の種類は無限大！

瑪瑙《めのう》（アゲート）

縞模様などがきれいなもの。

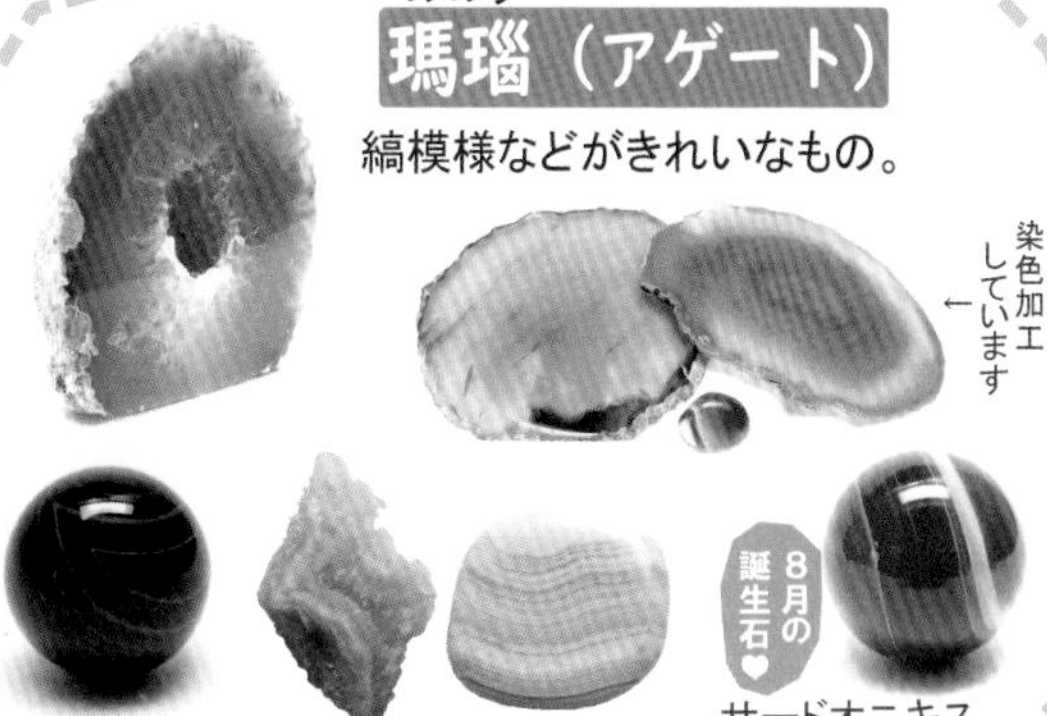

染色加工しています←

オニキス（黒瑪瑙）

ブルーレース（空色縞瑪瑙）

サードオニキス（紅縞瑪瑙）

＊分け方は、諸説あります
（ex. ジャスパーを岩石とするなど）

ちょっと整理できたよ。

確認だけど、これらは「同質異像」ではないのね？「成分が同じで、結晶の仕方が違う」っていう…

うん、これの場合、結晶の「大きさ」は違うけど、「構造」は同じなんだよ。だから、鉱物としては同じものなんだ。

そうか、同じ「石英」の仲間の鉱物か……

でも、じゃあ、結晶の大きさが違っちゃったのはなぜ？

つくられる場所というか、環境が違うんだよ。右の顕晶質のものは、地下深くの高温高圧な環境でできるのに対し、左の潜晶質のものは、もっと温度の低いところで、沈殿するようにできるとか…

＊石英の同質異像の鉱物は、別に存在します

ガラスやオパールと「石英」の関係

次のグループは、
石英と同じ成分で できているけど、
結晶は していないものだよ。

結晶していない ＝**非晶質**

天然ガラス

結晶していない。

オブシディアン（黒曜石）

モルダバイト

リビアン グラス

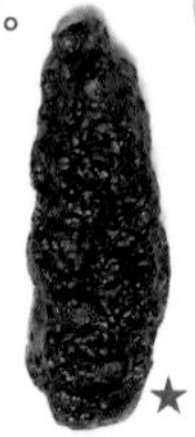

一般的な テクタイト

←これらも テクタイトの一種→

ちなみに、日常使ってるガラスの主成分も、同じだよ。

オパール（蛋白石）

小さな粒の集まったもの。
通常は半透明。

コモンオパール

↑これは ほんの一例。いろんな 色のものが あるよ。

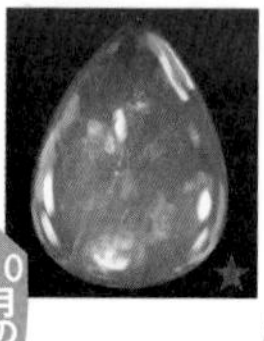

遊色オパール

10月の誕生石♥

「結晶していない」って、どういうことになるの？

「鉱物」の定義のひとつに「結晶構造を持つこと」つまり結晶していること、というのがあるの。↓P15
成分が、決まった形で手をつないでいるってことね。

だから、「結晶してない」ってことは、「鉱物じゃない」、ってことなんだよね。
でも、オパールは、潜晶質に分類されることもあるし、その美しさからか、「鉱物」として認められてるよ。

不思議な立ち位置なんだね。

このオパールは、どうやってできるの？

前頁の「玉髄（カルセドニー）」より、さらに低温な環境で できるの。
すると結晶できずに小さな粒になり、その粒が規則正しく並んでかたまる。
それがあの、美しい虹色をつくり出しているんだよ。

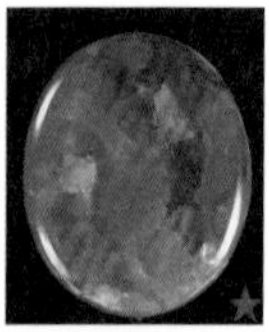

ブラックオパール

そして、次はガラス。
ここにあるのは「天然ガラス」だよ。

ガラスも、「成分」は 水晶と同じなのか……

黒曜石って、石器に使われてるやつだよね。これって、鉱物じゃなくてガラスだったんだ……

その黒曜石は、マグマが、火山噴火などで地表に飛び出て急激に冷やされたもの。
一方、テクタイトは、噴火ではなく、「隕石」によるもの。
隕石の衝突で、地上の岩石などがとけ、空中でかたまったものといわれている。
どちらも、結晶する間もなくかたまっちゃったってかんじかな。

そうか。
じゃあ……もし飛び散らなければ「石英」になったかもしれないってこと？

そうだね。
それか、地中でそのままかたまれば、石英を含んだ岩石かな。
これら天然ガラスも、ミネラル ショーなどでは、鉱物と同じ扱いをされているよ。

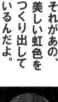

ちょっと ここで ◆「結晶」という言葉

ここでちょっと、
「結晶」という言葉について整理してみたい。

前頁でも出てきた鉱物の定義、
「結晶構造を持つこと」。
その鉱物を構成する成分が、
一定の形で手をつないでいる、
という意味。**Aとします。**

たぶん、ものすごく
ミクロの世界。

こういうの。

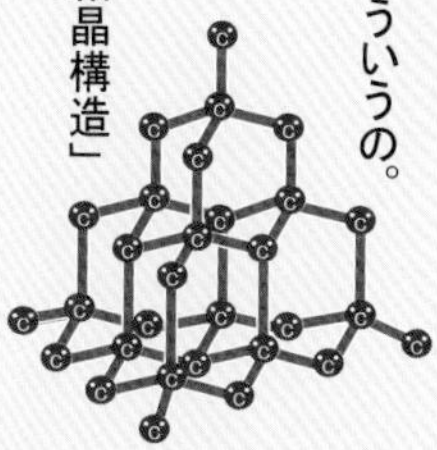

「結晶構造」

一方で、
「結晶の形はいろいろ」とか、
「大きなひとつの結晶体」
「見ための結晶の形」とか……

↓P34　↓P38

また、巷では
「この結晶はおもしろい」
「理想的な結晶の形だ」
「これは結晶の形を成していない」
なんていったりもしてる。**Bとします。**

「理想的な結晶」の例。

え、結晶構造って、見えるの？

AとBで、「結晶」という言葉を
同じ意味で使ってるとは
どうしても思えない……

でも、本を読んで調べても、それについて
言及されているものを見つけられず…
ここに引っかかるのは自分だけ？
……と、ずっとモヤモヤしていた。

で、なんとか調べてわかったことは、
この2つの「結晶」という言葉、やはり
違うニュアンスで使われているようだということ。

そもそも「鉱物」は「結晶している」ものなので、
Aの部分は、わざわざいうところではないらしく…
だから、鉱物の説明で
「この結晶は…」などという場合には、
見ための形状（つまりB）のことをいっている。
……ということらしい。

Aが連続して、目に見える形になったのがBなので、
どちらも「結晶」と呼んでいいのかもしれないけど、
基礎知識のない者としては
混乱してしまう……

さらに調べたところ、
Bを、「結晶の外形」「結晶形態」、
と書いてあるものを見つけました。
「晶癖」という言葉もあるらしい。

Aは、「結晶構造」または「原子配列」。

これだとちょっとすっきりします。

ヤヤコシイついでに書いちゃうと…
「結晶」の英訳が「クリスタル」。
P39でもいったけど、
「クリスタル」って単語は
「水晶」っていう意味もある。
もうこの「結晶」という言葉は、
我々を陥れようとしてるとしか思えない…

これらの岩石と、「石英」の関係

ちょっと脱線したけど

最後に、このグループ。
これらも、
石英と同じ成分で できてるけど、
鉱物じゃなくて「岩石」なの。

チャート（角岩）
堆積岩

熱などで
変成
←

クォーツァイト（珪岩）
変成岩

チャート！
ここに出てきたか～

クォーツァイト

グリーンアベンチュリン
（砂金水晶）

↑
名前に
「クォーツ」と
珪素の「珪」が
入ってるね！

チャートは、
石英の成分を持つ動物や虫の
骨や殻が、海底に堆積して
できた岩なんだよ。

堆積岩だ！

＊無生物起源のものも
あるという説も

クォーツァイトは、
チャートなど
石英が主成分の岩が、
マグマなどの熱によって
変成したものだよ。

変成岩！

石英と成分が同じ、だけど岩石…
あれ？ そういうの、
さっきもあったような……

この関係は、
カルサイト（方解石）と
石灰岩と大理石の関係と
同じだね。

↓
P35 ～ 36

あ、そうだ、それだ！

P18 ～ 19
も見てね

え！
グリーンアベンチュリンって
キラキラしたきれいな石だよね。
これが「岩石」なの？
なんか不思議……

この章は、これくらいにしようか。

ありがと。
鉱物の全体像や
鉱物と岩石の関係など…
ぼんやりと見えた気がする。

ちょっと疲れたけど…
とくに「石英」の
パワーがすごかった。

うん。細かいことは、
あんまりおぼえてないけど、
ちょっとモヤモヤが減った。

おぼえるのは諦めて、
わかんなくなったら
表を見ることにする。

でもさ～、鉱物って、
宝石っぽいものが多いんだね。

使い道は、ほぼ装飾品なのかな。

えっ？

え？

ちょ、違うよ～。わかりやすいように
宝石系の鉱物を例に出しただけで、
鉱物は、もっといろんな種類があって、
いろ～んなものに使われてるんだから～

6000種類近くあるうち、
宝石と呼ばれるものは、
100もないんだよ。

そうなんだ、ごめんごめん。

で、何に使われてるの？

その3 あれも石、これも石

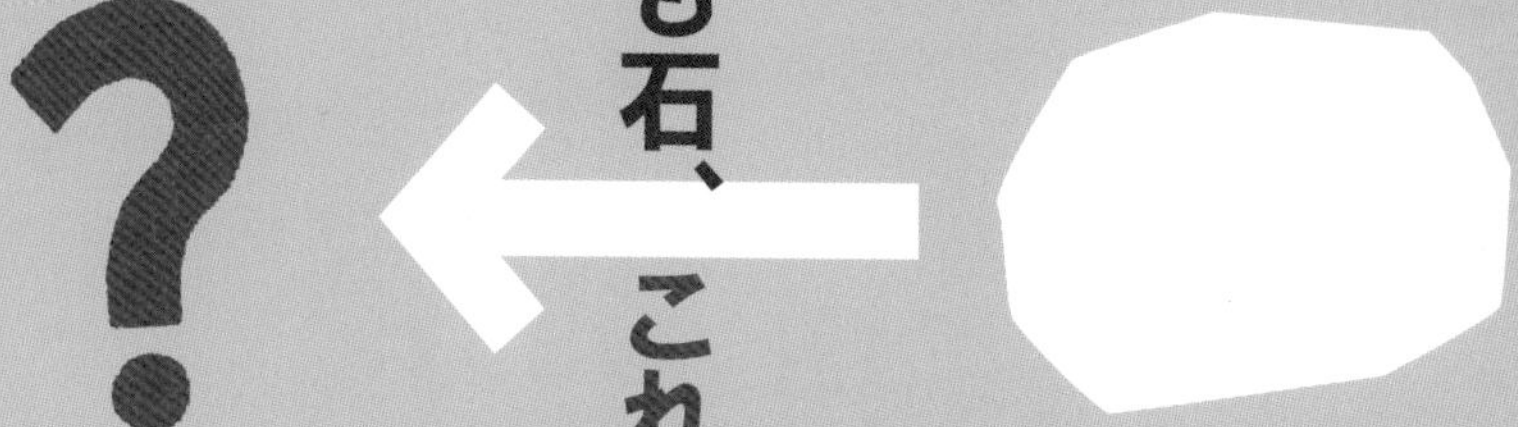

「何に使われてるの？」
なんていうってことは、
まだまだ
鉱物が地球の成分ってこと、
実感してないよなぁ……

ありとあらゆるものに
使われてる。
きっとびっくりするよ。

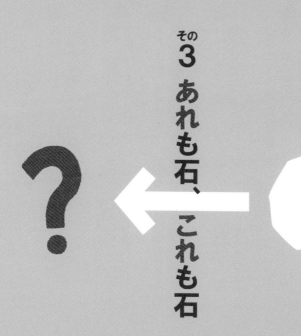

まず、レアメタルとか
レアアースとかいうのも、
鉱物だからね。

これらは
ひとつの元素で
できてる鉱物ね。
たとえば

リチウム　ベリリウム
ホウ素　チタン　バナジウム
クロム　マンガン　コバルト
ニッケル　ガリウム
ゲルマニウム　セレン
ストロンチウム　モリブデン
セシウム　バリウム
タングステン　白金
タリウム　ビスマス
イットリウム　ランタン
……

ほんとだ！
あれもこれも、
元素表に載ってる。
（周期表）

↓
P14

希少（レア）な
金属（メタル）ってことか。

そう。
和製英語らしいけどね。

これらは、車や家電……あらゆるものに使われてるよ。
スマホに使われてるって、聞いたことあるでしょ？

うん。
でもそれが「鉱物」という
認識は　なかった……

ていうかそもそも
「鉱物」の定義も
さっきおぼえたんだけどね。

反対に、大量に使われてる金属には、
鉄、銅、亜鉛、鉛、アルミニウム、
マグネシウムなどがあるよ。

ベースメタルって
いったりするよ。

そっか、いわゆる金属の類も、
「鉱物」なんだね。

だね。ちなみに、役に立つ鉱物や、
それが多く含まれる岩石を、
まとめて「鉱石」といったりするね。

これまた
紛らわしい
言葉だね…

胃の検査に使う「バリウム」ってあるでしょ？
あれも、元素表に載ってるよ。

ほんとだ！
元素そのままなのか！

Ba
だって。

フライパンの「フッ素」加工も。

あ、フッ素も元素だ！
たしか、フローライトの
成分でもある元素だよね。

F
だ。

どちらも元素の名前そのままなのに、
気がつかなかったよ。

鉱物名って
意識
したこと
なかった。

身近なものだと、
化粧品に「タルク（滑石）」という
鉱物が使われてるよ。

え、鉱物を顔に塗ってたの!?

そんなこといったら、
サプリメントの原材料を見てみなよ。

亜鉛、鉄、マンガン、モリブデン、
クロム、カルシウム、リン…
ド、ドロマイトォ？

鉱物を食べてたのか～

そうか、「ミネラル」って
「鉱物」って意味だっけ！

ビタミン
&
ミネラル
UV
-50-
ファンデーション
日焼け止め
ベビーパウダー

日本画に使われる岩絵の具は、鉱物や岩石をすり潰して粉末にしたものだよ。

今売られているものは、人工的なものがほとんどだけどね。

あ、実験したよね、アズライト。そうか、「岩」絵の具……

↓P33

たとえば、こんなかんじ。

わーっ、岩絵の具って、こんなに鉱物そのままの色だったんだ〜

岩群青
藍銅鉱（アズライト）

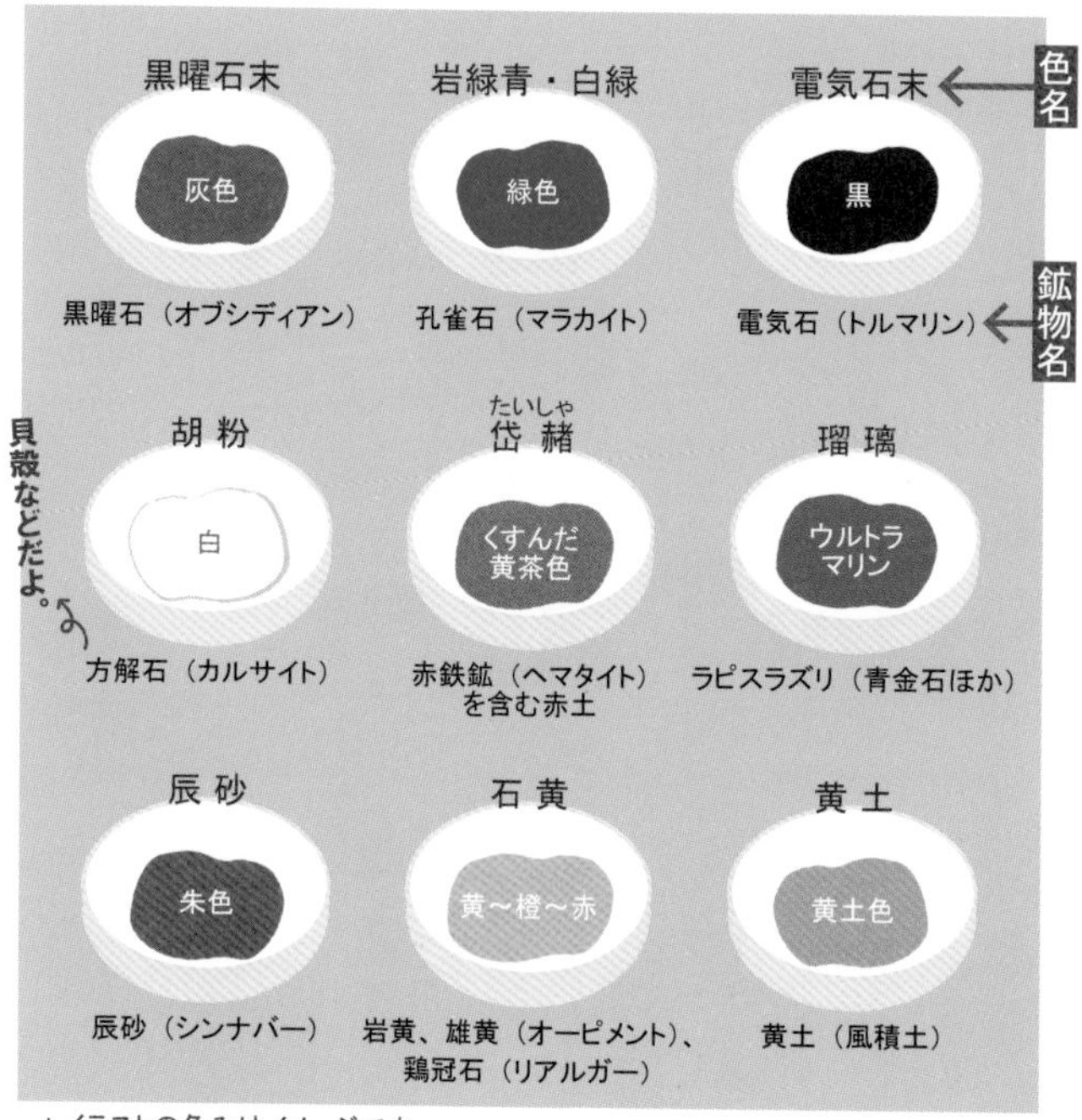
色名
鉱物名
黒曜石末
灰色
黒曜石（オブシディアン）
岩緑青・白緑
緑色
孔雀石（マラカイト）
電気石末
黒
電気石（トルマリン）
胡粉
白
方解石（カルサイト）
貝殻などだよ。
代赭《たいしゃ》
くすんだ黄茶色
赤鉄鉱（ヘマタイト）を含む赤土
瑠璃
ウルトラマリン
ラピスラズリ（青金石ほか）
辰砂
朱色
辰砂（シンナバー）
石黄
黄〜橙〜赤
岩黄、雄黄（オーピメント）、鶏冠石（リアルガー）
黄土
黄土色
黄土（風積土）

＊イラストの色みはイメージです

ところで、シリコンバレーって聞いたことある？

うーん、IT企業が集まってる町？そこが石と関係あるの？

もともと、半導体メーカーが多く集まっていた地域なんだよ。半導体の主成分は、珪素、Si。つまり、シリコン。

あ！

シリコンからつくられるものは、日用品も多いよね。

あ、こういうの、便利なんだよ〜レンジにもオーブンにも使えて、焼き菓子もつるんと取れて。何回も使えるし♡

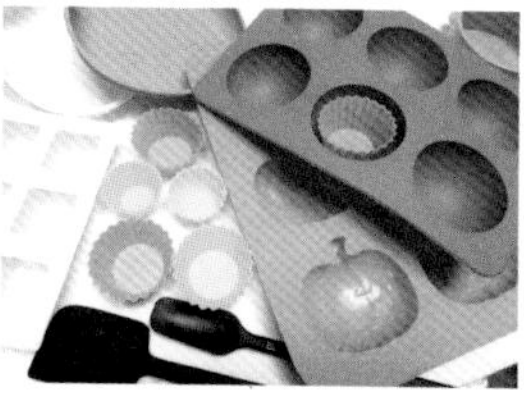

シリコーン樹脂

シリコーン樹脂の原料は、石英やチャート、クォーツァイトなどだよ。

おお、まさにP42の……

しかし、これの原料が「石」とは……

信じられん
ぺにょん
ぺにょん

たしかに不思議な気もするけど、石がそもそも、地球の成分と考えれば……

……そっか。

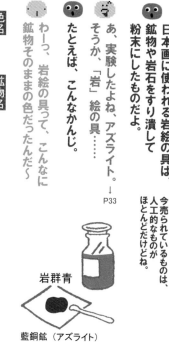

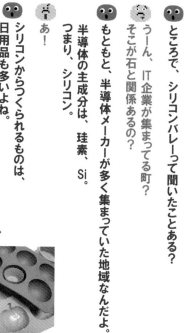

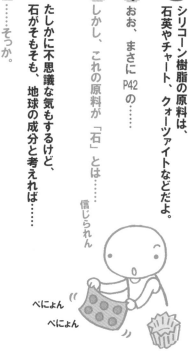

身近なものに使われてる鉱物、まだまだあるよ～

たとえば、キッチン。
調理道具や食器に、
いろんな鉱物が使われているよ。
鉄、銅、アルミニウム……

ステンレスの圧力鍋
鉄のフライパン
アルミニウムのやかん
銅鍋
陶磁器
ガラス

ステンレスは、鉄とクロムの合金だよ。＊

陶磁器に使う「粘土」も、成分は、細かくなった石英などの鉱物。

ちなみに陶磁器ができる過程（焼成）は、接触変成岩とほぼ同じだよ。
↓P19

なんと！

釉薬の原料も、鉱物。

ガラスも、石英の砂などが原料だよ。

その道具に、その素材が使われている理由を探ると、「鉱物の特徴」まで見えてくるからおもしろいよ。

たとえば、アルミのやかんは軽い、銅のやかんは、早く沸く。でもそれぞれ短所もあり…

＊合金　ある純金属に1種類以上のほかの元素を混ぜたもの

「硬貨」の素材は何だかわかる？

1円玉は、アルミニウムだよねっ。

元素記号はAl

正解。じゃあ、10円玉は？

…銅……かな？

5円玉は………ん？何だろ。

50円玉と100円玉は同じ素材っぽいけど……何なのかわからない～

それ全部、基本「銅」だよ。

元素記号はCu

えっ、そうなの!?

どれも、銅をメインとした合金なの。

5
10
50
100

黄銅　銅＋亜鉛
青銅　銅＋亜鉛＋錫
白銅　銅＋ニッケル

銅には殺菌作用があるんだよ。

500円玉も、最初は白銅だったけど、現在は３種の金属が使われてる。

500

ニッケル黄銅　銅＋亜鉛＋ニッケル
銅を白銅でサンドしている

3種の金属の「導電率」の違いを利用することで、より正確にニセモノとの判別ができるのだとか。

へ～……鉱物の特性をうまく活かしてるんだねぇ…

反対に、元素や鉱物名から、それが何に使われているかを調べてみるのも、おもしろいかも。

たとえば、「リチウム」は…

リチウム電池！

……で有名ですが～
陶器やガラスをつくる時にも使われてたりします。

元素記号はLi

じゃあ、さっきの「アルミニウム」、1円玉以外には？

アルミ缶？ アルミホイルも？

そうだね。ほかにも、窓のサッシや、薬の包装材、大きいものだと、新幹線や飛行機の部品などにも。

じゃあ、「チタン」は？

元素記号はTi

眼鏡のフレームとか？……工具もあったような。

食器もあるよね、山登りやキャンプの。

アレルギーが起こりにくいから、アクセサリーや、体内に埋め込む医療器具にも。

意外なところでは、軽さと耐久性から、神社仏閣の建材などに使われてたり。

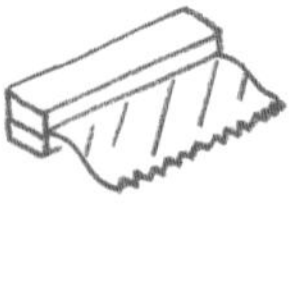

宝石（貴金属）に名を連ねる鉱物も、
いろんな工業的な用途に使われてるよ。

え？ もったいなくない？

もちろん、美しいものは、宝石として「使われてる」よ。

そっか、全部が美しいわけじゃないのか。

材料や媒体として使われるものは、
不純物が多いものや、人工的につくられたもの。*
人工ダイヤモンドは、その代表かな。
かたさを活かして、いろんなものに使われているね。

研磨剤とか
レコード針とか。

クォーツ時計ってあるでしょ？
あれは、水晶の小刻みな振動を利用しているんだよ。

人工水晶が
使われているよ。

水晶が……振……動……してる!?

水晶は、電気の力で高速で振動する性質があって、
それが電気信号に変えられ、歯車を回し、
時計の針を正確に進ませているんだよ。

時計の中に、ほんとに水晶が入ってるんだ……
クォーツ時計って、イメージでいってるのかと思ってた。

どんな水晶が
入ってるのか
開けて
見てみたい…

時計だけじゃなくて、携帯電話もパソコンも……
電子機器は、「水晶」無しでは、機能しないくらいなんだ。

はぇ～

＊人工鉱物（合成石とも）は、ダイヤのほかに、水晶、コランダム、雲母など

まだまだ、こんな鉱物・岩石も。用途は自分で調べてみ～

コランダム（鋼玉）
フローライト（蛍石）
ペリドット（橄欖石）
硫黄（サルファー）
マラカイト（孔雀石）
雲母（マイカ）
ゼオライト（沸石）
ガーネット（柘榴石）
プラチナ（白金）
タングステン
石灰石（ライムストーン）

「用途」……いろいろあったでしょ。
あちこちで、役に立ってるんだから～

うん、よくわかった～

……で、「美しい宝石」は、
「アクセサリー」「ジュエリーの材料」として
役に立ってるってわけか。

うーーん……そうだけど、
なんか、それだけじゃ寂しいかなぁ？

宝石は……
目の保養……人生の豊かさに役立ってるんじゃない？
ただただ、眺め、愛する対象。
美しさそのものが……価値。

ポエマーですか？
……でもまぁ、たしかにそうだ！

でしょ？
あ、流通して経済に貢献もしてるかっ。

その4 おしえて!! 石のギモン

鉱物からつくられるものって、
見るからに石っぽいものとか
金属っぽいものなのかと思ったけど……
こんなに形を変えて活躍しているんだね。

鉱物が、
「素材」「材料」「成分」なんだってことが
実感できたよ。

しかしニンゲンは、地球の成分を、
これでもか！ってくらい
いろんな用途に使いまくってるんだね〜

ほんと、よく思いつくよな〜

すべての元素や鉱物を使ってるのかな。
「これ何に使えばいいんだろ」って
持て余してるのとか、ないのかな。

たしかに！
何にも使われていない……つまり
何にも役に立たないのって
あるの？

おしえて〜

使われたことがない元素や鉱物ってあるの？

じゃあ、さっそく
さっきのギモン……
「役に立つ鉱物」は
たくさん教えて
もらったけど……
役に立たない……
というか、未だ
使われたことのない
ものもあるのかな。
だって、
すべての鉱物が、
都合よく
ちょうどよく
ニンゲンの役に立つって
いうのも、
逆に変じゃない？
成分も性質も
わかってるけど、
「これ何に使えるんだろ」
「何かに使えないかな〜」
「今のとこ、何にも
使えないな」っていう
鉱物……
あるの？？

あるっちゃ

あるよ。たとえば、ルテチウム。

元素記号は Lu
P14 の周期表 ○ 印

まったく使えないってわけじゃないけど、
存在量が少ないため高価で、精製も難しく、
また、性質の似た元素がほかにある……
そんな理由で、特定の用途が見出されていないんだ。

触媒などに使える。

そっか、生産量や、ほかの元素との兼ね合い……
使われていないのには、そんな背景もあるんだね。

でも、役に立たないっていうより、逆に
「ニンゲンが この元素を使いこなせてない」だけ、
ともいえるけどねっ

それに、
研究中のもの、
または、
用途がわかってても
秘密になってるもの……
……なんかも
あるんじゃないかな。

そ、そうだよね。ごめん、ごめん。
これだけなんでも利用しちゃうニンゲンが、
使いこなせてないものってあるのかな?って
単純に気になったんだよ〜
あ、でもそっか。
ニンゲンが、その元素を必要とする「何か」を
まだ発明してないからってこともあるんだね。

それと、ある鉱物には じつは唯一無二の「性質」が
あるのに、ニンゲンがまだ、それに気づいていない……
そんなことも あるかもしれないよね。

だよね！あくまで、今の時点では、ってことだね。

「鉱物」だと、結構あるかもなー
たとえば、アポフィライト（魚眼石）などのように
用途はほぼ「観賞用」のみ、ってものは多いと思うし、
パイライト（黄鉄鉱）は、鉄成分をとるには硫黄除去が大変だとか、
アズライト（藍銅鉱）は銅鉱物だけど、用途は顔料くらいとか……

うん、すっきりした〜、ありがと。

どうやって「役に立つ」に至ったのか。

これは、前頁のギモンと似つつ「逆」でもあるんだけど…
「役に立つ鉱物」は、どうやって、
そこに役に立つものとして結びついたんだろう。
まず、ある鉱物を見つけ、その性質を知り、
それが何かに使えないかと考え……そこに行きついたのか。
逆に、何かを開発していて、
そこに、ある性質のものが必要となり、
そういう物質はないかと探したのか……

鶏と卵的な？

ダイヤモンドがかたいから研磨剤……というように、
単純なものならわかるんだけど、
コンピューターのような複雑なものに、どんないきさつで
鉱物が使われるようになったのか……すごく気になる。
コンピューターを開発してる人と、鉱物を研究してる人、
どちらが「この鉱物、コンピューターに使える！」って
思ったんだろうか……
ほかには、たとえば「絹雲母」。用途を調べると、
・ファンデーション　・プラスチックの強化剤
・セラミックの素材　・耐熱性のある潤滑剤……とある。
そんな補助的な役割、誰がどうして
「ここに使える！」と思ったんだろう、
どうやってマッチングできたんだろう……
化学者や鉱物学者が、「これ ファンデーションに使えそう」
なんて、思いつくもの？？？
う～ん、いくら例を出しても、うまく伝えられないな……
こんなギモン自体、おかしい？？？

↓

うん、伝わったよ。

そうね……

ニンゲンの「探究心」のリレー？　……かな。

先人の知恵と経験をもとにして、それを少しずつ改良し、発展してきた……
それに尽きるんじゃないかな。その中で、偶然の発見や、一足飛びの進歩も
あったかもしれない。逆に失敗して ふりだしに戻ったり……それでも、リレーのように、
たくさんの人々が探究し続けて、少しずつ「役に立つもの」に、していったんじゃないかな。
とはいえ、すべての鉱物・すべての製品が、同じ速度・同じ工程で発展したわけじゃなく、
それぞれに、まったく違うストーリーがあると思うよ。

例としてはこんなかんじかなぁ…

この鉱物（素材）は昔ながらの○○に似ているな。
←
では○○の代わりに使えるかも。
←
と思いついたところで
←
無害か不都合はないか耐久性は？コストは？
←
などなど多方面から調べて……
←
新素材完成！

「結晶構造」って、目に見えるの？

ずっとモヤモヤしてるんだけど……
最初に出てきたこれ……
↓
P24

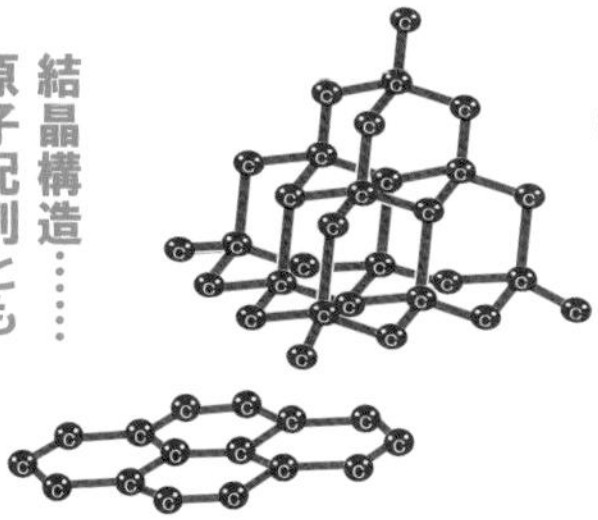

結晶構造……原子配列ともいうんだっけ？
これって実際は、目に見えないほど小さいものなんだよね？

それならどうして、こんなふうになってるってことがわかったの？

顕微鏡なら見えるの？

見えない。

やっぱり、見えないほど小さいんだよね。
じゃあ、どうしてこんな構造に なってるってわかったの？

X線を使うんだよ。

結晶に X線を当ててあらわれるデータから、結晶構造を割り出すんだよ。

超ざっくりな説明だけど。

うん、ざっくりでいいよ。
詳しいしくみを聞いてもたぶん、わからないから。

結晶構造は、見えないほど小さい、でも、ある方法を使うことでわかる。
……ってことがわかっただけで、すっきりした～

最近の電子顕微鏡ではある程度見えるものもあるらしいよ。

雪って、鉱物？

鉱物は
「結晶構造」を
持ってるんだよね？
「雪の結晶」*って
あるじゃん？

「結晶」ってことは
雪って……
鉱物なの？

そんなわけ……
ないか……？？

＊別名「雪片」。英語で snowflake

鉱物だよ。*

え？
ほんとに？

鉱物の定義をおさらいすると、
・一定の成分でできている
・結晶構造を持っている
・自然界で生成される
・無機物である
・固体である

これでいえば、天然の雪や氷は、鉱物。

ちなみに「水」は、
固体じゃないから
鉱物じゃないよ。

あ、氷もか～

ん？ 雪と氷って、何が違うの？

鉱物としては、同じものと いうことになるね。
簡単にいうと、でき方の違いかな。

なんと！

ちなみに、氷のかたさは、
温度によって変わるんだよ。

0℃の氷と
−100℃の氷では
だいぶ かたさが
違うよ。

え、え、
かたさ以前に
氷にそんなに温度差が
あるってことに、驚いた。

氷は鉱物…か……

……ん？
じゃあ、
氷を細かく砕いた
「かき氷」は……
……砂!?

＊鉱物として扱われない場合もあります

水晶って、どのくらいの歳月でできるの？

ところで
この水晶の結晶、
この大きさになるには
どれくらいかかるの？

たしかにそれ、
知りたい。
長いんだろうなとは
思うけど、
何十年なのか、
何万年なのか
何億年なのか……
見当もつかない。

わからない。

え？ わからないの？

1ミリ伸びるのに100年かかるとか、
100万年かかるとか いわれているけどね。
水晶が育つのは、地下深い岩石の割れめ、
高温高圧な熱水の中……
でも、温度も圧力も環境によって様々だろうし、
途中で変化することもあると思う。
それによって、水晶の成長速度も変わると思うから……
ほんとのところはわからないんだよ。
少なくとも、こたえはひとつではないと思う。

そっか〜

「わからない」ってことが
わかっただけで、充分。

ま、わかんないにしても、
もし100年〜100万年だとしたら、
この水晶は、5センチくらいだから、
5千年〜5千万年前のもの、ってことか〜

いや、それはあくまで成長の「期間」だからね。
「いつ成長したか」は、また別の話。
地表にあらわれるまでに、何億年とか経ってるかもしれない。

あ、そっか。なんとなく、採掘されるその時まで
成長してるイメージがあったけど、違うんだね。

野菜の収穫とは違うからね！ 笑
ニンゲンが採掘できる環境にあったってことは、
とっくに成長は止まってるってこと。

人工水晶って、何？

言葉は聞いたこと
あるんだけど、
実際どういうもの？
見ためが同じってこと？
それとも
もしかして、
自然の作用で
できるものと
同じ構造のものを
つくれるの？

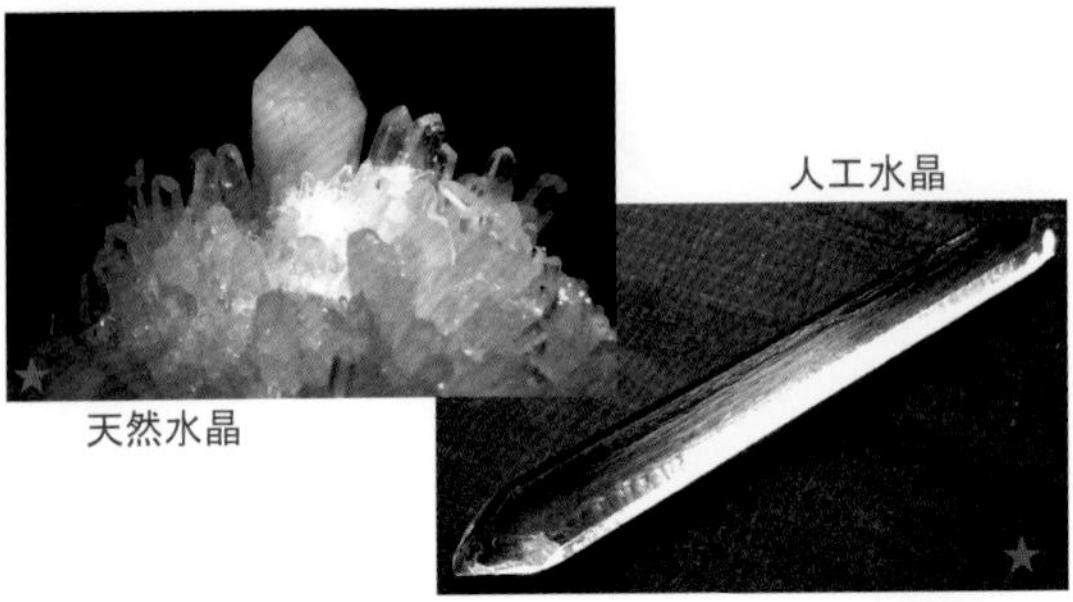

人工水晶

天然水晶

うん、天然の水晶と同じものだよ。

そうなんだ！

ちゃんと、同じ結晶構造を持つ、正真正銘の水晶だよ。
原料は、天然の水晶。
それを高温高圧の中でとかし、再結晶化させる。

材料は水晶なんだ〜！ で、地下の環境を再現して……

たとえば、自然界では数千年〜数億年かかるであろうサイズのものが、数ヵ月でできちゃうそうだよ。

なんと！

人工水晶は、不純物が少なく、品質にバラつきもなく、安定供給ができるから、工業用として使われているよ。

ほかにも
人工的につくられる
ものとしては、
ダイヤモンドや
サファイアなどがあるよ。

あっ、なるほど、そのためか。
自然もすごいけど、ニンゲンの探究心もすごいねぇ……

愛でるなら断然「天然もの」だけどね。

不揃いなのと、
地球がつくったという付加値値で。

ところで「溶錬＊水晶」っていうのも
聞いたことあるけど、それも同じ？

いや、それは、簡単にいうと、熱でとかしてかためただけ。
結晶構造を持たないから、水晶ではないね。
つまり、「ガラス」ってこと。

はぇ〜

＊「錬」とも

一番かたいダイヤモンド…どうやって研磨してるの？

ダイヤモンドって……
一番かたいんだよね。

たしか、
モース硬度っていうのが、
最大値の「10」
だったよね。

そんな、
何よりも
かたいダイヤを、
どうやって、
カットしたり
研磨したりしてるの？

原石

カットしたもの

ダイヤモンドを使う。

粉末状にしたダイヤを使って研磨するよ。

そ、そうなんだ…
ダイヤは、ダイヤで磨くんだ。

現代では、レーザーやイオンビームも
使って加工してるよ。

でもじつはダイヤは、「へき開」といって、
ある一定の方向に力を加えると、
わりと簡単に割れるんだよ。

え、そうなの？

「モース硬度」は、〈傷や摩耗〉に
どれくらい強いかのランキング。
それとは別に、「靭性《じんせい》」という、
〈割れや欠け〉にどれくらい強いか、
つまり、粘り強さをはかる指標もあるの。
それだと「ダイヤ」は、
ルビーやサファイアなどの
「コランダム」よりも弱いんだよ。

つまり、
この2つをぶつけてみると……
ダイヤのほうが欠けちゃう！

なんと！

でも、ダイヤは、
この「へき開」の特性を持っているからこそ、
美しいカットもできるというわけなんだ。

ちょっと ここで ◆ 石の「かたさ」

「硬度」、「靭性」、「へき開」……ごっちゃになりそうなので、いろんな言葉を使ってまとめておこう。

◆モース硬度 ＝「傷」や「摩耗」に どれくらい強いか。
HARDNESS ハード
こすって傷つくかどうか。
表面のかたさを表す。
衝撃に対する強さではない。ハンマーで叩けば砕けることも。
調べ方＝２つの石をひっかきあうなど

◆靭　　性 ＝「割れ」や「欠け」に どれくらい強いか。
TOUGHNESS タフ
割れやすい＆欠けやすいか。
衝撃に対する強さ。 粘り強さ。
調べ方＝機械で圧をかけるなど

＊へき開とは…ある一定の方向へ割れやすい性質のこと。
結晶構造で、原子同士の結合力の弱い部分があるものに起こる。
「完全」「明瞭」「不明瞭」「なし」がある。

＊個体差アリ。あくまで目安で

おもな石の

硬度		靭性	へき開性
10	ダイヤモンド	7.5	完全
9	コランダム	8	なし
8	トパーズ	5	完全
7.5	アクアマリン	7.5	不明瞭
	エメラルド	5.5	不明瞭
7	石英（水晶）	7.5	不明瞭～なし
6.5～7	翡翠	8	?
	ペリドット	6	明瞭～不明瞭
6	正長石（オーソクレース）	5	完全
5	燐灰石（アパタイト）	3.5	不明瞭～なし
4	フローライト	?	完全
3	カルサイト（方解石）	?	完全
2	石膏（ジプサム）	?	完全
1	滑石（タルク）	?	完全

9と10の差は大きいよ。

ルビーやサファイアなど。

これ大事。おぼえとこ！

ほんとだ。コランダムのほうが靭性が高い＝割れにくいんだね。

この2つ、どちらも「ベリル」って鉱物なんだけど靭性が違うんだね。

翡翠は割れにくい！

たしかに、ラブラドライト、フローライト、カルサイト…が、ずれるように割れちゃったことある！

ここ、調べたけど、データが見つからず。一定クラス以上の石しか計測してないってことかもしれないね。

身近なものの硬度

7	歯
5.5	ナイフ
5	ガラス、陶器
4～5	骨、鉄
4	真珠
3.5	10円玉
3	珊瑚
2.5	爪、琥珀
2	岩塩
1	チョーク

＊骨、歯、爪は、ニンゲンのもの

突然実験◆かたさ対決！「モース硬度」

でもさ、実際、やってみないと実感できないよねぇ。（ちら）

え？ モリオンも辛かったのに、ダイヤとかルビーとか、やだよ～

しょうがないな。じゃ、もう少し手軽な石で、「硬度」対決、してみようか。

カルサイト VS 水晶

モース硬度 3　モース硬度 7

カルサイト
水晶

石どうしをこすり合わせて、傷がついたほうが負けだよ。

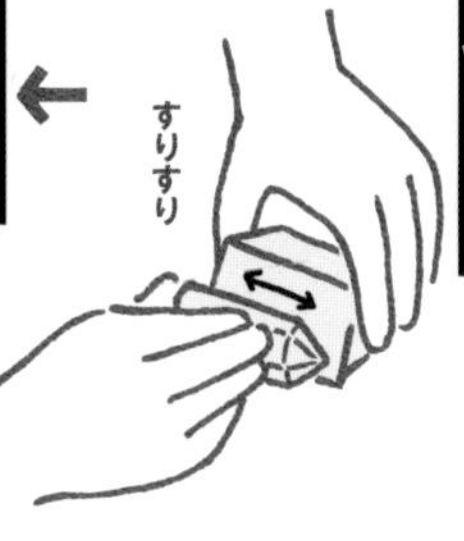

すりすり

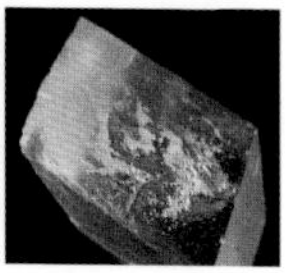

あ、ちょっとこすっただけでもうカルサイトに傷がついた～

こっちは変わってない。完全に水晶の勝ち～

石膏（ジプサム） VS 爪

モース硬度 2　P34に出てきた　モース硬度 2.5

え？ 爪と対決して負けちゃう鉱物があるの？

まぁ、ひっかいてみ。

ほじほじ

わ、やわらかい！削れる～

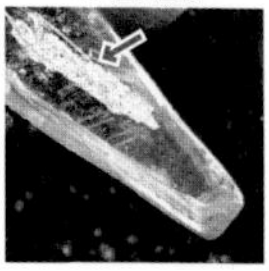

爪に負けた石膏君。

爪のほうがモース硬度が高いからか…

うん。でも爪よりモース硬度が高いカルサイトも、「エッジ部分」なら爪で削れなくもないよ。

爪もダメージあるけど。

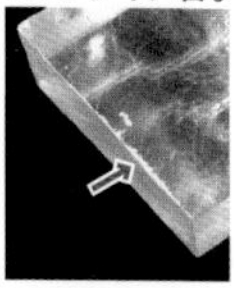

プライドも傷ついたカルサイト君。

へぇ、そうなのか～

ナイフの刃 VS 水晶

モース硬度 5.5　モース硬度 7

モース硬度で見ると、水晶はナイフで傷つかないってことだよね？

基本はね。でもこれも、*エッジ部分だったり、条線に沿ってひっかけば、多少傷がつくよ。

ナイフ
水晶

ツルツルな面だとなかなか傷がつかないね。

また、鉱物の産地や不純物の有無でも変わってくるよ。ナイフ自体も、素材の違いなどで硬度も違うしね。

そか、モース硬度は「目安」なんだね。

＊条線→ P82

ガラス VS 水晶

モース硬度 5　モース硬度 7

ガラス代表、小瓶君。　早くも再登場、水晶君。

まずは「面」どうしでこすってみよう。

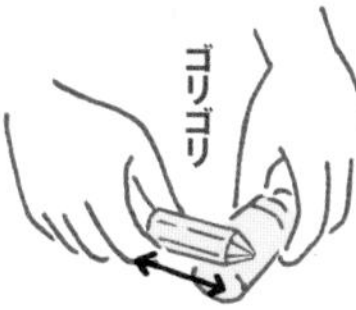

ゴリゴリ

あれ、意外と互角…

でも力を強めたら瓶のほうに傷がついたー

次は水晶の「角」で瓶の「面」をこすってみるよ。

ギギギ

あ、これだと軽い力で瓶に傷がつく！

逆をやってみよう。瓶の「角」で水晶の「面」。

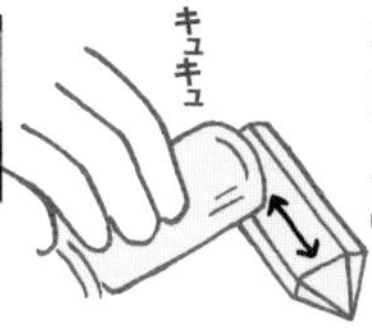

キュキュ

水晶

あぁっ、少しだけど水晶が傷ついた。

瓶のほうにもダメージあるけど。

モース硬度が高くても、条件によっては多少はダメージを受けるんだね。

＊実験用の石は、石の人にご提供いただきました

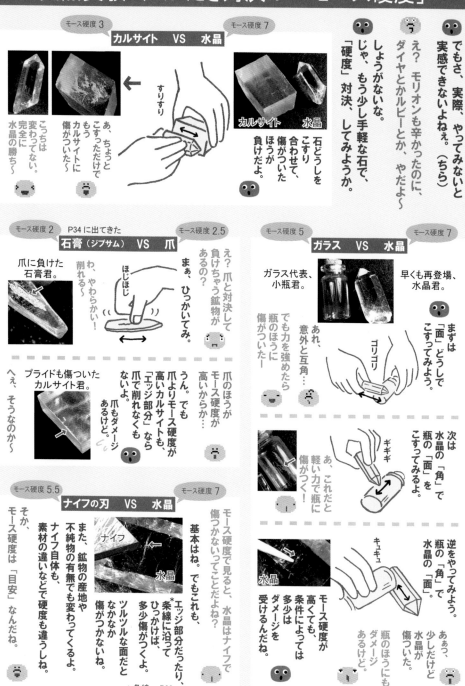

「モース硬度」の続き

やっぱりやりたい、これ！
ダイヤ 対 コランダム！

だから、そんな宝石、
持ってないって～

あっても出さないし！

特別に、友人の
ダイヤ君とルビー君に
お越しいただきました～

友情出演❤

えっ？

ダイヤモンド VS ルビー（コランダム）

モース硬度 10　　モース硬度 9

コランダム代表、ルビー君でーす。

予算の関係で、「超小粒」たちに来てもらいました。

キングオブ宝石、ダイヤ君でーす。

直径 1.8mm くらい！

小さい石なので、
棒に固定させて、
面と面を
こすり合わせてみよう。

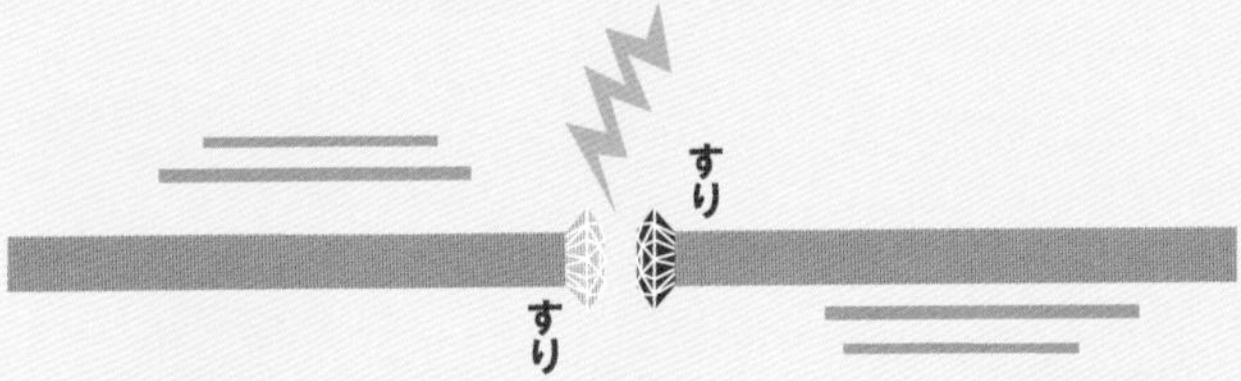

棒の先に
くぼみをつくり、
そこに石を固定。

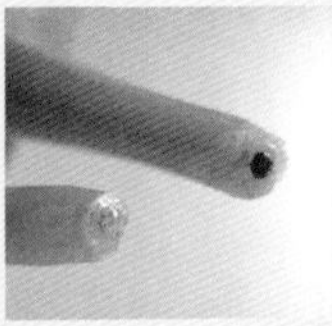

（棒は、歯ブラシを
魔改造しました）

弱いほうが
傷つくはず。

ちゃんと
面と面で
対決することが
大切だね。

前の頁の
ガラスVS水晶で
学んだね。

ジジリって
嫌な音がするな……

ちょ、ちょっと
見てみようか……

…あっ！

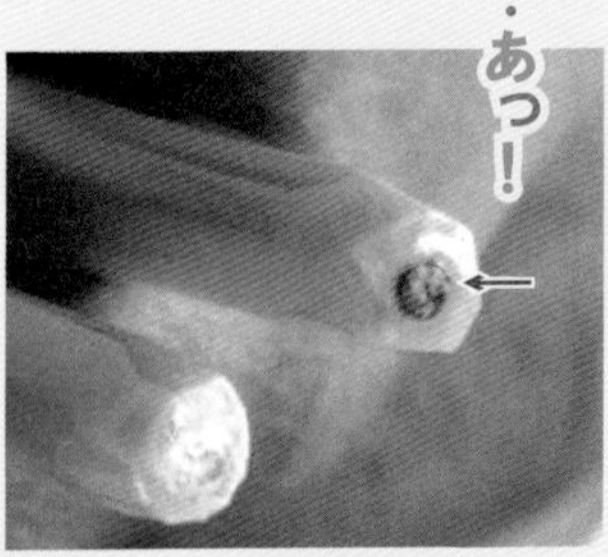

ルビーの色が、最初と違う……

ルビー君の顔が、
ガサガサに
なってるぅ！

お肌が…

ダイヤ君は
傷ついてないねっ❤

ごめんよ、ルビー君…

かたさ対決！「靭性」

いやー、実験はおもしろいね～
次は、「靭性」対決も
やってみようよ！＊

あ、とうとう、
割っちゃうわけですか……
それも、負けるのは恐らく
ダイヤモン…

いってみよ～！

ダイヤモンド VS サファイア（コランダム）

靭性 7.5

靭性 8

今回の
コランダム代表は
サファイア君でーす。

先ほどのダイヤ君、
再登場でーす。

2つの石を
並べて固定し、
両側から圧力を
かけてみるよ。

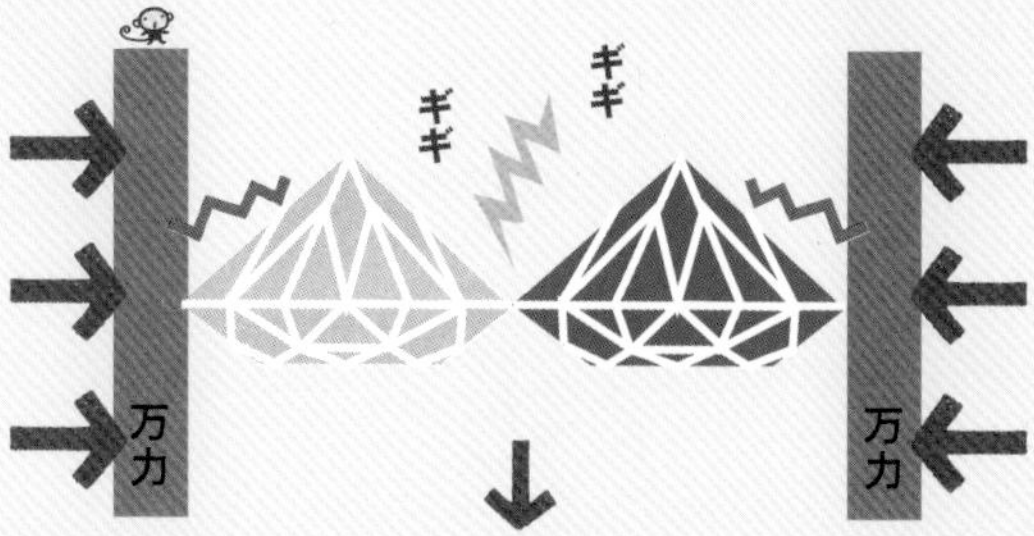

弱いほうが
先に
欠けるはず。

石を「同じ高さで
隣り合わせる」
ことに苦戦。
レジン等を使い、
なんとか固定。

モース硬度対決は あるけど、
靭性対決っていうのは、
フツー、やんないけどね～

＊本来「靭性」は、機械で個々に数値をはかります。今回は強引に「対決」させてみました

ギギ、ギギって
音がしてるような…

………！

今、バキッて
いわなかった!?

顕微鏡で見てみよう…

…あっ！

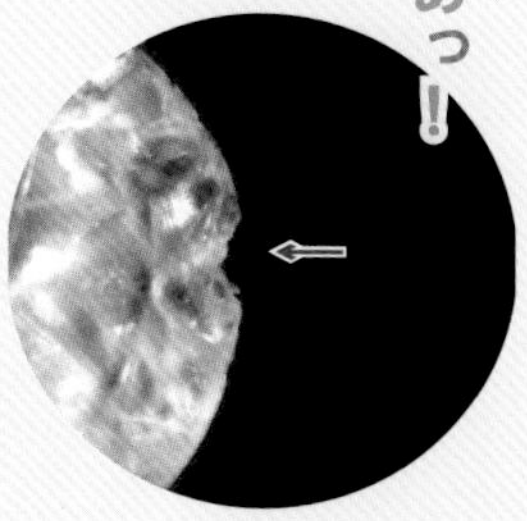

ダイヤ君のここ、
欠けてるぅ！

ガーン

実験、成功だねっ♥

お、おう…
（トモダチ
大丈夫なのか？）

＊じつは、宝石君たちは、すべて、ジェム エイコーさんにご提供いただいたものです。どうもありがとうございました

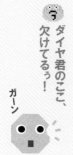

割ってみよう！「へき開」

最後に、「へき開」の実験をやってみよー

三方向に極めて完全

カルサイト（方解石）

へき開といえばこの石かな？

おっ、またまた登場、カルサイト君。がんばれ〜

重いハンマーなら数センチ上から垂直に軽く落とすかんじで充分だよ。

ゴットン…

あえて、広い面を狙う

あっ、ほんとだ！

うわー、こんなふうに割れるんだー

おんなじ形がいっぱい。

平行六面体だよ。カルサイトのへき開は、「三方向に完全」といわれるものだよ。

約 1mm の世界

さらに細かく砕いて、顕微鏡で観察してみた。直径1ミリの中にたくさんの平行六面体 発見！

一方向に完全

アポフィライト（魚眼石）

この石の名前の由来は、「葉のようにはがれる」だよ。

なのになぜ和名は魚の眼？

輝きが似てるんだとか。

しかし実際に割ってみようとすると……

あれっ、かたい？

うん。「葉のように」ってかんじじゃないな。

えいやっ

あー、「先っぽ」が飛んでった〜！

パッカーン

スパっときれいに割れたね〜

これ、ピラミッドみたい！

じゃあ、さっき飛んでったのは、さながらキャップストーンだね〜

一方向に完全

石膏（ジプサム）

あ、硬度の実験で爪に負けた石膏君だ〜

言い方…

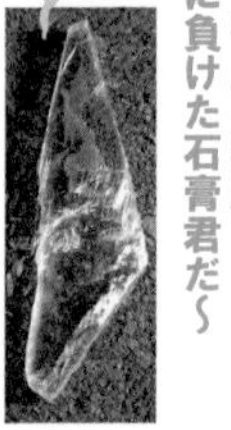

この実験は、「手」でいけちゃうよ。カッターで切り込みを入れ、あとは手でこじ開けちゃう。

えっ、そんなことできるの？

弾力があるから、意外といけるよ。

ちょっとコワイ……できた！

ガラス板みたいだね〜

うん、ローマでは窓ガラスに使われていたからね。

まじで!?

一方向に完全

雲母（きらら・マイカとも）

最後に、「雲母」のへき開を見てみよう。これもカッターで簡単に はがれるよ。

その前に、この標本名が書いてあるシールをはがそう……

あっ！

シールの裏に雲母

雲母君、まず「シール」に負けてるし カッター要らなかったね

あらためて割ってみよう。

簡単に割れた。というかはがれた！

しっとりキラキラ〜

透けてるよ。

フィルムみたいだね。

または……海藻？

ありふれた実験かもしれないけど、「自分でやってみる」って、大事だね。

うん。石の質感や性質を、五感で感じることができたよね。

＊実験用の石は、石の人にご提供いただきました

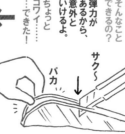

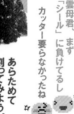

「ギモン」に戻ります…

「宝石」の定義って？

宝石っていうのは、鉱物の一種なんだよね。

↓P14

そう。6000種類近くある鉱物の中で、宝石と呼べるのは、100にも満たないけど。

宝石名じゃなく、鉱物名でいったらもっともっと少ないね。（たとえば、サファイアもルビーも同じコランダム）

どういう基準をクリアしたものが宝石と呼ばれるの？ちゃんとした基準があるの？それとも、なんとなく？

とはいっても、定義や分類は、この3つのどれを重要視するかや立場や用途によっても、いろんな分類の仕方があって……どこまでが宝石、と一概にはいえないんだけど。

宝石とは、美しく、希少であり、耐久性のある鉱物。

まず「美しさ」なのね。当然な気もするけど、あいまいなような……

そうなんだよね。たとえば、透明感＝美しさ……かと思うと、古代中国では透明度は重視されず、ダイヤモンドは石コロ扱いだったみたいだし。

「希少」っていう定義もおもしろいね。きれいでも、たくさんあったら価値が下がるというわけか。

「耐久性」っていうのは　どういうこと？

「モース硬度」「靭性」「安定性」の3つの条件で判断されるものだよ。

安定性とは、熱、光、湿度、化学薬品……などに影響されにくいことだよ。

きれいでも、もろかったら、宝石とは認められないんだね。

例外もあるけどね。P62〜63を見てね。

中でも、モース硬度が「7」より高いものは「貴石」といって、キングオブ宝石。それには、ちゃんとした理由があるの。

え？　なになに？

砂埃にまみれても、摩耗しない数値だから。なぜなら、砂の主成分は「石英」で、石英のモース硬度は、「7」……

そういうことか！

で、どの石が宝石なの？

で、実際、
その定義にあてはまる、
つまり、
宝石と呼ばれる石には、
どんなものがあるの？

その、
「貴石」っていうのも
知りたい！

たしか、
「半貴石」って
言葉もあるよね。

いくらきれいでも、もろかったら
宝石とは認められないとか、
じゃあなんでこれは宝石なの？　とか…
石の立場からすると、いろいろ
腑に落ちないところが多いんですけどね…

4大宝石、貴石と半貴石……結論としては「あいまい」？

まず「4大宝石（貴石）」と呼ばれるもの。

ダイヤモンド
ルビー
サファイア
エメラルド

これらは、美しく、希少で、
モース硬度は「7.5」以上。
前の頁の条件を高いレベルで満たした
「貴石」だね。

ほかにも、
貴石と呼ばれる宝石。

つまり、硬度が「7」より高く
美しく希少性もあるもの。

アクアマリン　ガーネット
アレキサンドライト　スピネル
タンザナイト　トパーズ
パライバトルマリン　オパール
キャッツアイ　翡翠…など

オパールと翡翠は
硬度が満たないけど
きれいだから
貴石なんだと。
ちなみに翡翠は
靭性が高いので、
最も割れにくい
宝石ともいわれる。

それ以外の宝石は、
「半貴石」と呼ばれている。

つまり、
硬度が「7」以下だけど
美しく希少性もあるもの。

水晶系（アメシスト、ローズクォーツ、シトリン、モリオン…）
ペリドット　カルセドニー　ラピスラズリ
インカローズ　ターコイズ　ラブラドライト
ラリマー　フローライト　ムーンストーン…など

……って分けてみたけど、
じつは貴石と半貴石の
境界線は諸説あり。
美しさで分類する
場合もあるし。

「あいまい」ってことも
含めて、了解～

この
分け方を
図にすると
こんな
かんじ？

でも
分け方や
言葉の定義は
諸説あり～

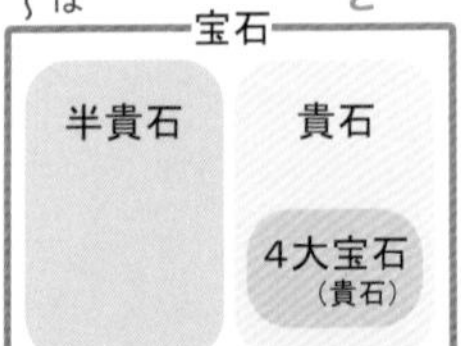

＊「貴石」という言葉の定義がまちまちなのが、混乱に拍車をかけている気が……「貴石とは4大宝石のこと」「貴石とは宝石の中でもとくに高価なもの」「高価なものが宝石、その他を貴石」など。3つめなんて逆だし。また、「宝石」という言葉もさらにまちまちなので、その2つが並行して使われていることのカオス……。ちなみに英語だと、貴石＝ precious stone、宝石＝ precious stone, jewel, gem など

真珠は宝石？

真珠ってさ……

真珠（パール）

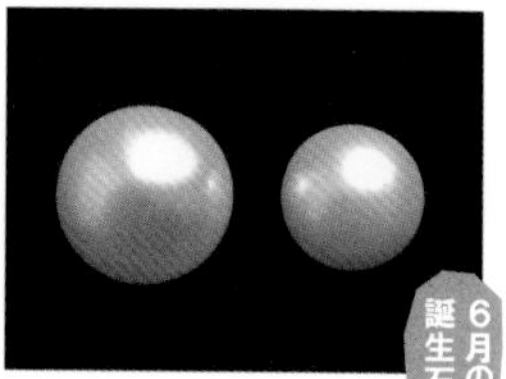

6月の誕生石♥

全然、宝石の定義を満たしてないよね。

生物由来だし、硬度も低いし、汗などで変色するらしいし……

でも5大宝石のひとつになったりしてるよね。どういうこと？

それでも宝石なの？？

うん、宝石でOK。

結局、構造が…性質が…耐久性が……ということよりも、希少で価値ある宝飾品として、人が欲しいと思うかどうか、……のほうが、「宝石」としては、重要なのかもしれないね。

その業界のがんばりとかも…

そういう例外は、ほかにもあるよ。

珊瑚（コーラル）

3月の誕生石♥

地中海産
天然赤珊瑚

生物由来だし、酸にめちゃ弱いし、モース硬度は「3」前後……貝殻（シェル）もそうだね。

琥珀（アンバー）

樹脂が地層に埋もれ、かたまったもの。樹脂の化石だね。

植物由来だし、高温でとけちゃうし、モース硬度は「2.5」くらいだし…

ああ、たしかに……

石英のところで出てきたオパールや天然ガラスも、「結晶」の観点で見ると「鉱物」とはいえないんだけど、宝石として扱われているね。

↓
P40

天然ガラス

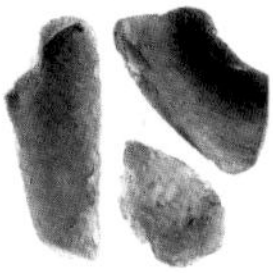

モルダバイト

リビアングラス

オブシディアン

オパール
（蛋白石）

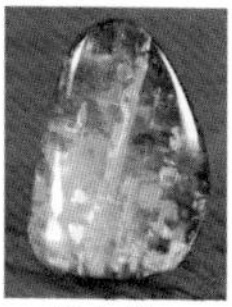

ボルダー
オパール

国際鉱物学連合では正式に鉱物と認めているようだね。

化石って、鉱物？

「石に化ける」って
書くくらいだから、
化石は、
「生物が
鉱物になったもの」
ってことでOK？

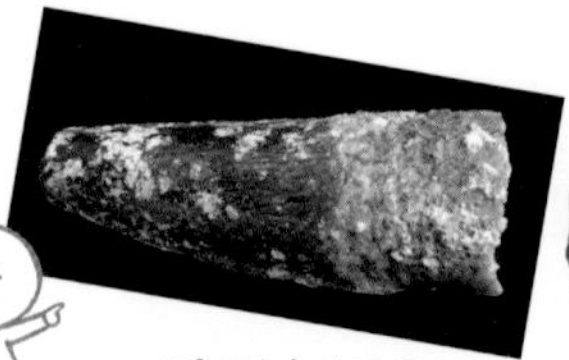

スピノサウルスの
歯の化石

アンモナイトと三葉虫の化石

たしか、
「形」は残ってるけど、
「成分」が、別の鉱物に
なっちゃってるんだよね！

ほめられた〜

お。いいとこに気がついたね〜

まさに、「石に化けた」といえるね。
恐竜の化石っていうのは、骨や歯が、
長い年月をかけ、それが埋もれていた
地層の成分に置き換わったものなんだ。

でもじつは、広い意味での「化石」は、
それだけじゃないんだよ〜

「太古の生物の死骸や痕跡が、
自然の作用で地層に埋まり
保存されたもの」を指すので、

・石にならず、
もとの成分のままでも

たとえば
・骨や貝殻そのまま
・冷凍保存されたナウマン象
・琥珀の中の昆虫

・そのものは失われ、
その型だけが残っているものでも

たとえば
・皮膚や羽毛の跡
・木の葉の型

・生活の「あと」だけでも
＝
生痕化石

たとえば
・足跡や這った跡
・巣穴の痕跡
・フン

どれも「化石」というんだよ。

「石に化ける」だけじゃないのか……

ちなみに、石油、石炭、天然ガスも、
化石と似た過程を経てできたものなんだよ。
で、これらは「化石燃料」と呼ばれているよ。

化石…燃……料？ ちょっと待って、
また新しいギモンが生まれちゃったじゃん……

木の化石もあるね。
珪化木と
いうよ。

あ、
「珪素」の珪か！
……ってことは、
石英になったってこと？

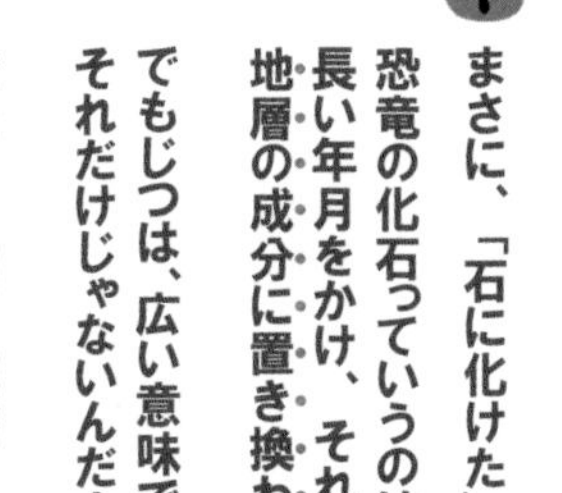

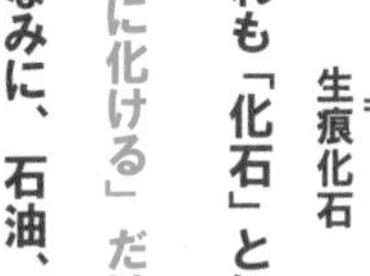

恐竜のウンチ

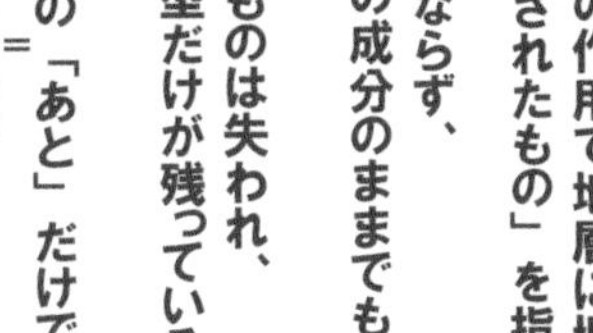

化石燃料って……何？

石油、石炭、天然ガス……

生物由来って習った気がするけど、その先深く考えたことなかったよ～

「化石」…燃料……

えーと、どういうことだ？

化石が、燃料になるってこと？

化石が燃料になるわけではないよ。

これらは、
プランクトンや植物の死骸が、
熱と圧力を受け、長い年月をかけて堆積し、
それが燃えやすく変化したもの。

燃料になるまでの過程が化石と似ているから
そう呼ばれているんだよ。

石油はマグマ起源という説もあるよ。

天然ガスには非生物起源のものもあるよ。

そういうカンケイなのね……

液体のものが「石油」、
気体のものが「天然ガス」、
「石炭」は、樹木が炭になったもの。

ちなみにこれらは鉱物ではないよ。

わかった……けど…
そもそも「化石」って言葉、どうなのかねぇ。
「石化すること」だけじゃなく、
「骨のまま」も「痕跡だけ」も含まれるのに……

さらに「化石燃料」なんて言葉もヤヤコシイ……

そういわれてみると、たしかにそうだね……

英語では、化石を「フォッシル*」っていうけど、
その語源は、ラテン語で「掘り出されたもの」。
「石になる」って意味ではないんだよね。

* fossil

掘り出されたもの！それならすごく納得！

また「日本語」が、混乱のもとか～

まだ「謎」のことってあるの？

突然だけど
鉱物について、
岩石について……
まだ
わかってないことって
あるの？

たくさんあるよ。

だって、今まで取り上げたものでも、
水晶ができる年数とか、
宝石の色のことや……

あ、そうだったね。

そもそも、「元素」自体が、
いつ、どうやってできたのか……
いろいろ説は あるけど。

はー、そこからか〜

地球の内部が どうなってるかだって、
本によく図解が載ってるけど
実際に行って見てるわけじゃないからね。
ちなみに、ニンゲンが掘ったのは、
せいぜい深さ12㎞ちょっと。
地球の半径は、約６４００㎞もあるのにね。

え、浅っ！

宇宙より、地球の中のほうが「遠い」んだね〜

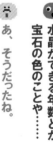

「謎」なことには、こんなのもあるよ。

◆ダイヤinダイヤ

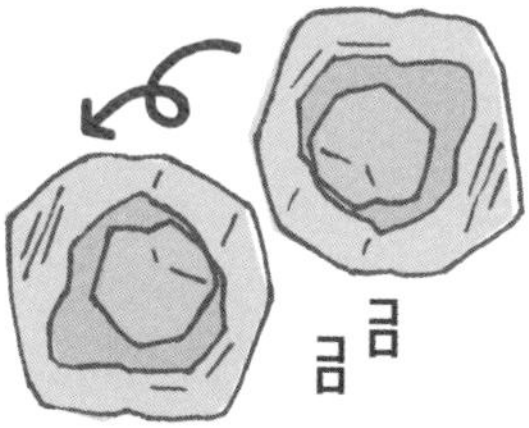

ダイヤの中にダイヤが
閉じ込められたものが発見された。
中でコロコロと動く。
……ということは、
「空間」があるということ。
どうやってこのような状態に
なったのか、議論されている。

◆カーボナード（ブラックダイヤモンド）

これ、実際は1センチにも満たない粒です。

地球のどこでつくられるのか
わかっていないという！
宇宙からやってきた、
という説もあるらしい……

これ、硬度も靭性も10だって！

◆シュンガイト（シュンガ石）

・炭素のみでできているが、
ダイヤでも、石墨でもない。
・結晶構造を持たない（非晶質）。
・生成過程がイマイチ解明されていない。
（生命の誕生にも関わっていた？）
・フラーレンというものを含み（32面体）
それが超高速で回転している。 ← ？？？
・まだ研究途上だけど、可能性がいっぱいらしい。

特にココ、意味わからん。

謎……どれもダイヤモンドがらみだね。

あれ、ほんとだ。

さすが、ミステリアスなところもキングオブ宝石ってことか。

たまたまだけどね。

あ、でもそういえば、最近の研究で……

何百キロも地下にあるダイヤモンドが、有機炭素（生物由来）でできていることがわかったとか……

ええっ？ どういうこと？ 地下に生物がいるとでも？ ……あっ、ち、地底人!?

それは、たぶん プレートが……

あ、いや、いたらおもしろいね、地底人。

……えっ？

……ま、とにかく、「謎」は尽きないってことだね。

謎はエンドレス〜

謎はエンドレス〜

その5

河原の石を 見に行こう

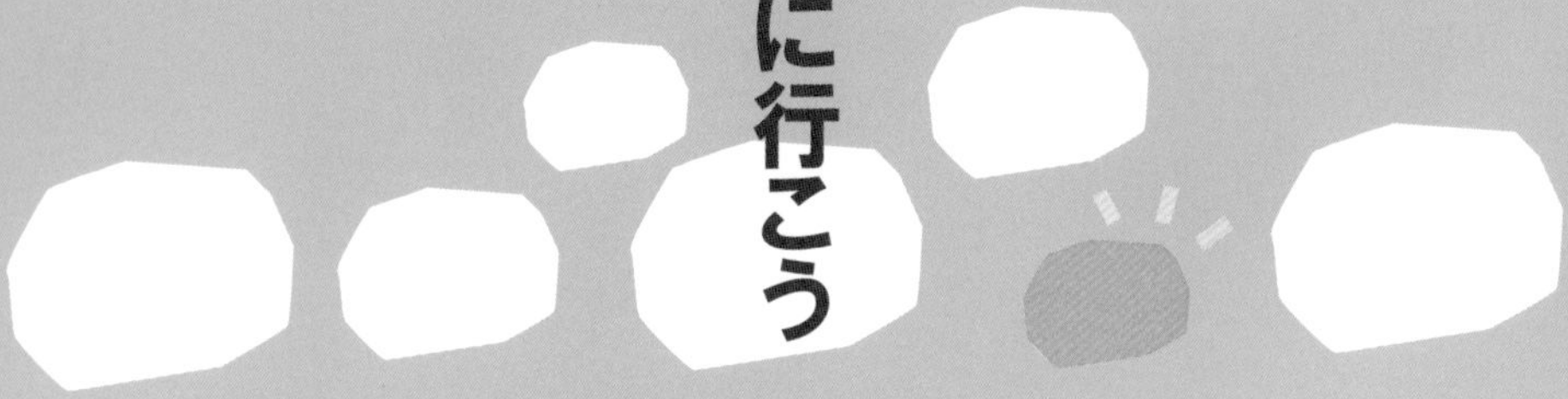

……どう？ 少しはギモン、解決した？

うん。
ずっとモヤモヤしてたことがわかって、
すっきりしたよ……

でも同時に、よりギモンが深くなったり、
新たなギモンが湧いてきたりもして……

「謎」って……解明しようとすると、
増えるね。

ちょっと疲れた〜

じゃあ、
ここらで、外に出かけてみない？

え？ どこに？
何しに？

石に、会いに行こうよ。

そして私たちは、7月のある日、車で3時間かけ、北関東のとある場所にやってきた。

土手から見下ろすと川があった。

ここで石を拾うの？

河原や海岸には、あちこちの山などから石が流れてきてるから、バラエティに富んでいておもしろいんだよ。

川の幅は狭め。

見ため、うちの近所にもありそうな川だけど？

ここは、「瑪瑙（めのう）」が採れるんだよ。とくにこのあたり。カーブになっているから、流れてきた石が、とどまりやすいの。

なるほど。

さあ、行ってみようか。

＊石の採取などは、禁止されている場所があります。許可されている場所でも、マナーを守って行動しましょう〜

しかし土手には、背丈以上の雑草が生い茂っていて、地面の高さもわからないほど。さあ、どうやって下りようか……

あれ？　石の人、どこ行った？

振り返ると、石の人がナタ？を持って立っていた。

←ブッシュナイフというらしい

そして雑草の中に入っていくと、無言で腕を左右に振り下ろす。

シュバッ
シュバッ

すごーい、道だー！
モーゼになった気分。
シュバッ
ハア
ハア
ハア
シュバッ
シュバッ
シュバッ
目の前に、みるみる道ができていった。「河原で石拾い」は、道づくりから始まった……

石の人が道をつくってくれている間、私たちは各々、身支度。

先に水分入れとくの大事。
↑石拾いが始まると夢中になって忘れちゃうから
準備ばんたん！
見ためは……気にしない！

今回は、スケジュールの都合で夏になってしまったけど……本来、石の採集は、気候がよく草や虫に邪魔されない、「春」がベストシーズンです！

基本の装備＆道具

これらは、ほぼ、必須アイテム。

ミニザル
香港で買ったザル
拾った石をとりあえず入れとくのに便利
ペンライト
めのうは半透明なので透かして判別する
帽子
長袖 日よけ、虫よけ
ウエストポーチ
貴重品は身に着けて
腰にタオル
長ズボン
長靴
なるべく長いやつ
水が入ったら最悪なので…
ふるい
とりあえずここに石を入れきれいなのを探す
スコップ（シャベル）
軍手
虫よけスプレー
蚊だけでなくダニやヒルよけ

＋αの装備

今回はとくに、暑さ対策しっかりと。

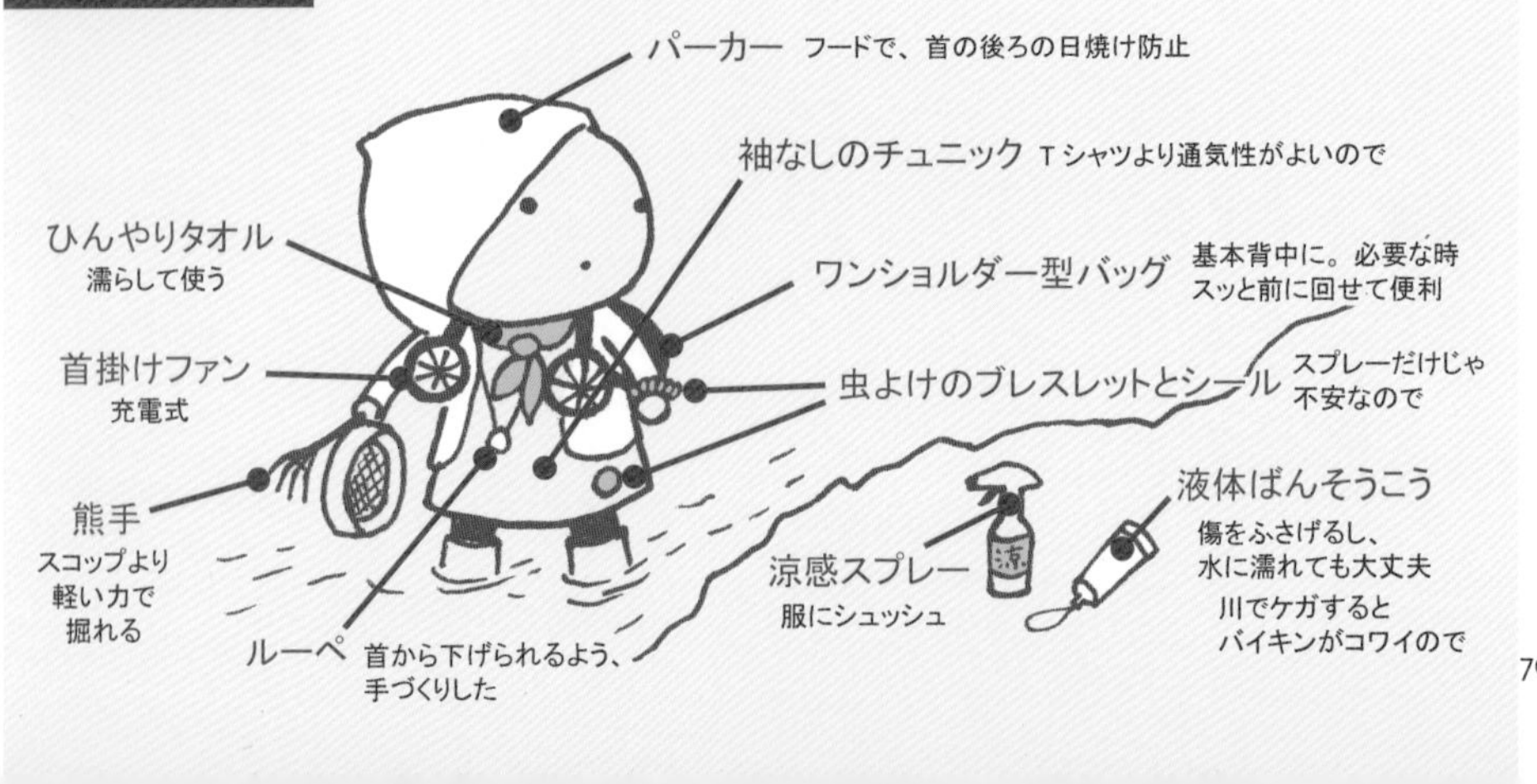

パーカー フードで、首の後ろの日焼け防止
袖なしのチュニック Tシャツより通気性がよいので
ひんやりタオル
濡らして使う
ワンショルダー型バッグ 基本背中に。必要な時スッと前に回せて便利
首掛けファン
充電式
虫よけのブレスレットとシール スプレーだけじゃ不安なので
熊手
スコップより軽い力で掘れる
液体ばんそうこう
傷をふさげるし、水に濡れても大丈夫
川でケガするとバイキンがコワイので
涼感スプレー
服にシュッシュ
ルーペ 首から下げられるよう、手づくりした

「ベース」も完成～
ココ

無事に「道」が完成し、荷物を持って川へ下りました。

＋αの道具

さらにあると便利なもの、いろいろ。

なんとなく持っていったけど、
拾った石を並べておくのに便利だった

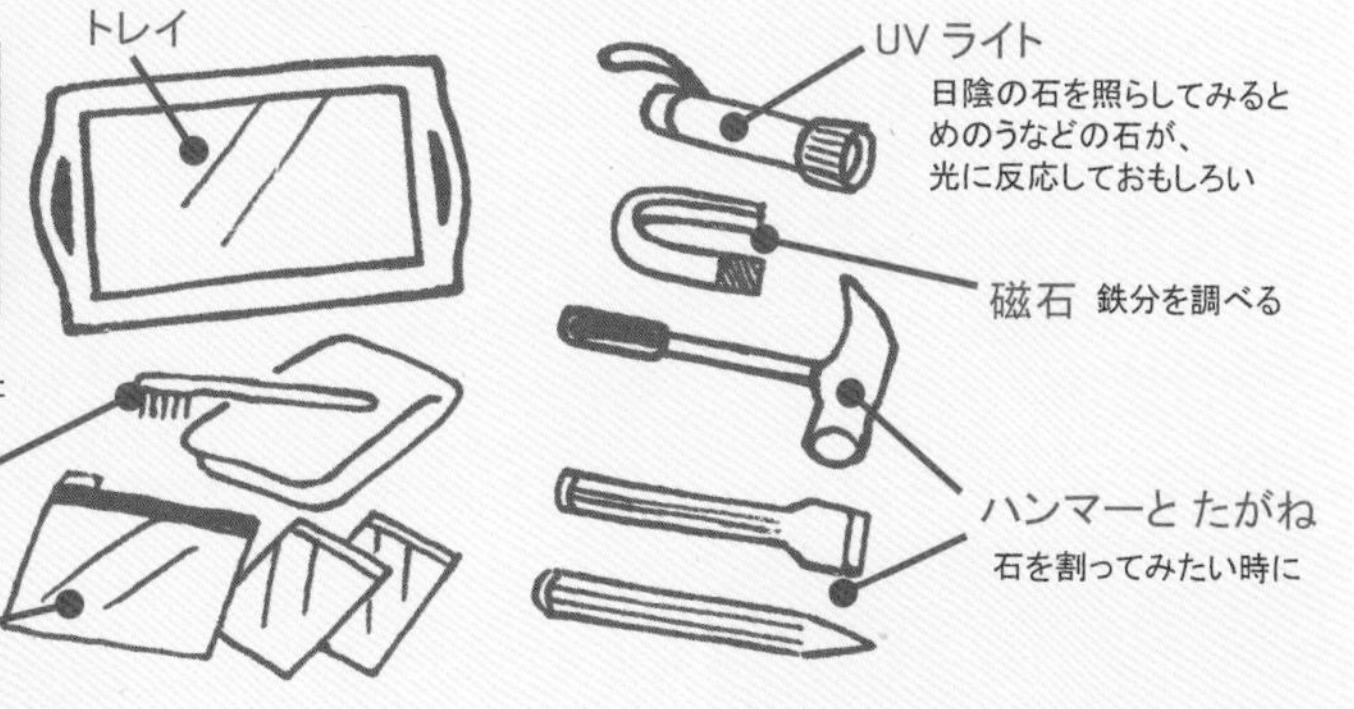

トレイ
UV ライト
日陰の石を照らしてみるとめのうなどの石が、光に反応しておもしろい
磁石　鉄分を調べる
歯ブラシと古タオル
苔や汚れを取る
ハンマーと たがね
石を割ってみたい時に
ジッパー袋や箱など
石を持って帰る時に

ピクニック気分？

思いのほか体力を使うので、休息をとれる環境をととのえよう。

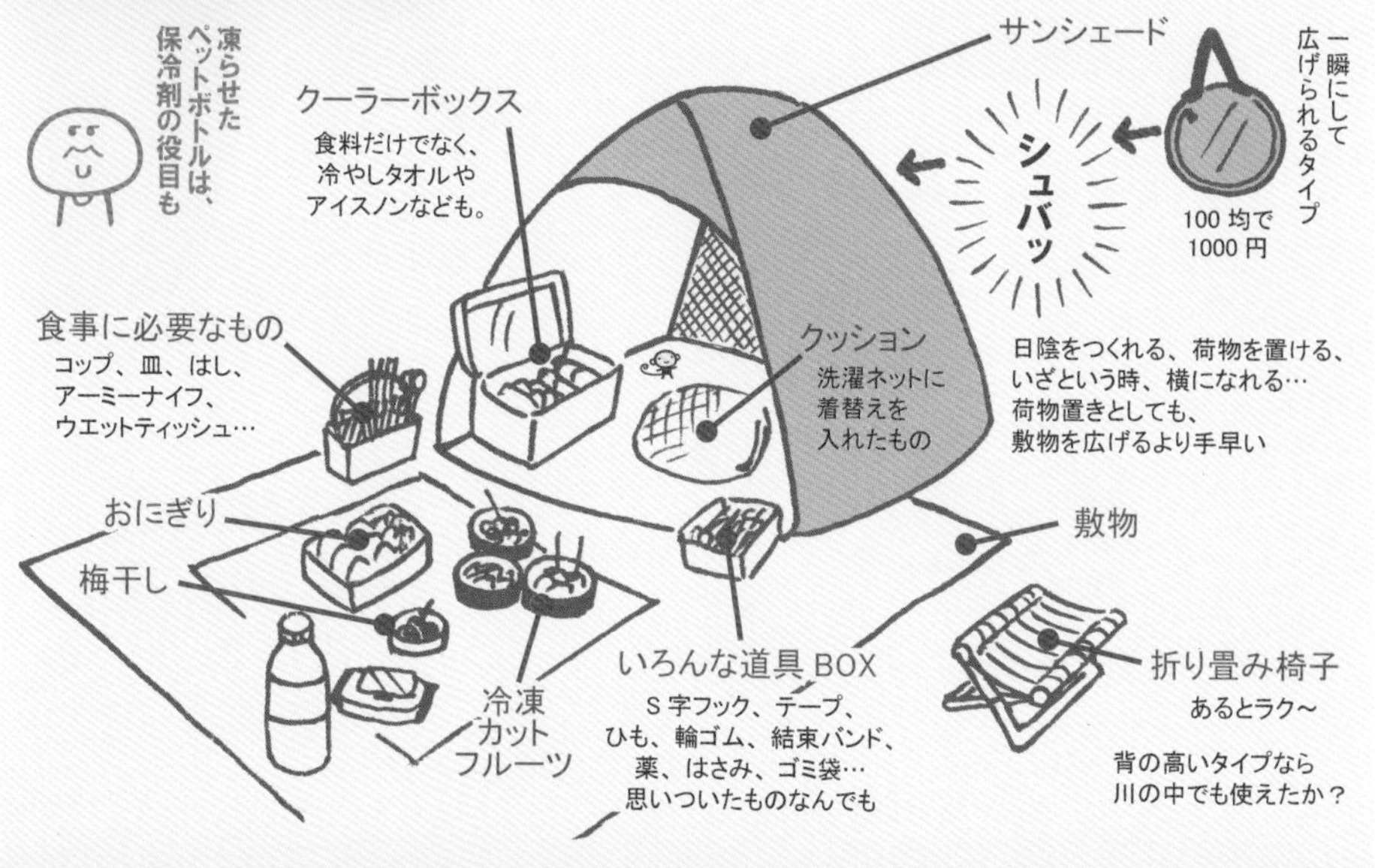

凍らせたペットボトルは、保冷剤の役目も
クーラーボックス
食料だけでなく、冷やしタオルやアイスノンなども。
サンシェード
シュバッ
一瞬にして広げられるタイプ
100 均で
1000 円
食事に必要なもの
コップ、皿、はし、アーミーナイフ、ウエットティッシュ…
クッション
洗濯ネットに着替えを入れたもの
日陰をつくれる、荷物を置ける、いざという時、横になれる…
荷物置きとしても、敷物を広げるより手早い
おにぎり
敷物
梅干し
いろんな道具 BOX
S 字フック、テープ、ひも、輪ゴム、結束バンド、薬、はさみ、ゴミ袋…
思いついたものなんでも
折り畳み椅子
あるとラク～
背の高いタイプなら川の中でも使えたか？
冷凍カットフルーツ

さっそく赤めのうがあったよ〜
わー、見せて見せて

まずは、「めのう」がどんな石なのか、知るところから。

石英と似てるけど、石英よりも少し透明感があって、ぬめっとした質感、やさしい手触りだよ。
色はいろいろ。
陽にかざすと、ほんのり透けるよ。

そもそも石英の質感もよくわからないんだけど。

赤、オレンジ、黄色、白、グレー…

最初はムズカシイかな。いくつか見てるうちに質感や形状、縞模様もわかってくると思うよ。

（注）縞模様のないものは、厳密には瑪瑙（アゲート）ではなく、玉髄（カルセドニー）。しかし今回は、あくまで「めのう探し」に挑戦してるので、区別せず「めのう」と呼びます。あと、この章では平仮名で「めのう」と表記します（そのほうがかわいいので）。

↓P39

石の人のアドバイス
「カーブなどの、水の流れが緩まるところ」や、「大きな石の、下あたり」を掘ってごらん。
ラジャー！
ここ、いい石たまってそう！

熊手やスコップで、川底をさらい、砂利や小石を、ふるいの中に入れる。そこからめぼしい石がないかを探す。

ジャラジャラジャラ
めのう、あるかなー

掘るのってチカラいるなー
重い〜
んぐっ
んぐっ
川の流れ

体の向きを変えて、川の流れに沿ってすくってごらん。

そう。

で、ごはんをよそうかんじでふるいに入れてみて。

わっ、ほんとだ！水の流れが押してくれて、ラクラクすくえるぅ〜♥

「ふるい」を振る時も、この向きなら自分のほうに砂利が流れてこないね♥

ちょっと考えればわかりそうなもんだが。

各自、自分の世界に入って拾い続ける。

石を戻す時は、なるべく元の位置にね。

石を戻してる時ふと目の前の陸地を見たら、その砂利の中に……

めのう、みっけ！

増水した時に、そこに流れ着いたのかもしれないね。

あるいは前に来た人が置いていった……

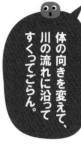

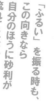

一方、こちらは、まだ苦戦中。

つい夢中になって
おしりが水に浸かる。

このボヤキを聞き逃さなかった石の人が、
川底を深めに掘って、ふるいごと、渡してくれた。

発見のヨロコビを
味わってもらおうと
いう、師の計らいを
無にし……

そもそも めのうを
見つけられないのも、
ただただ
「雑」だったからと
いうことが判明した、
残念な教え子。

ランチタイム。
水分、塩分、栄養分。
そして、休憩も とりましょう。

梅干し
ありがたーい。
冷たい
パイナップル
食べな～
→偉そうな、
残念な教え子
水分も、
こまめにとってね…
→ちゃんと
心配できる教え子

なぜか疲れている石の人。

スミマセン

この川での成果。

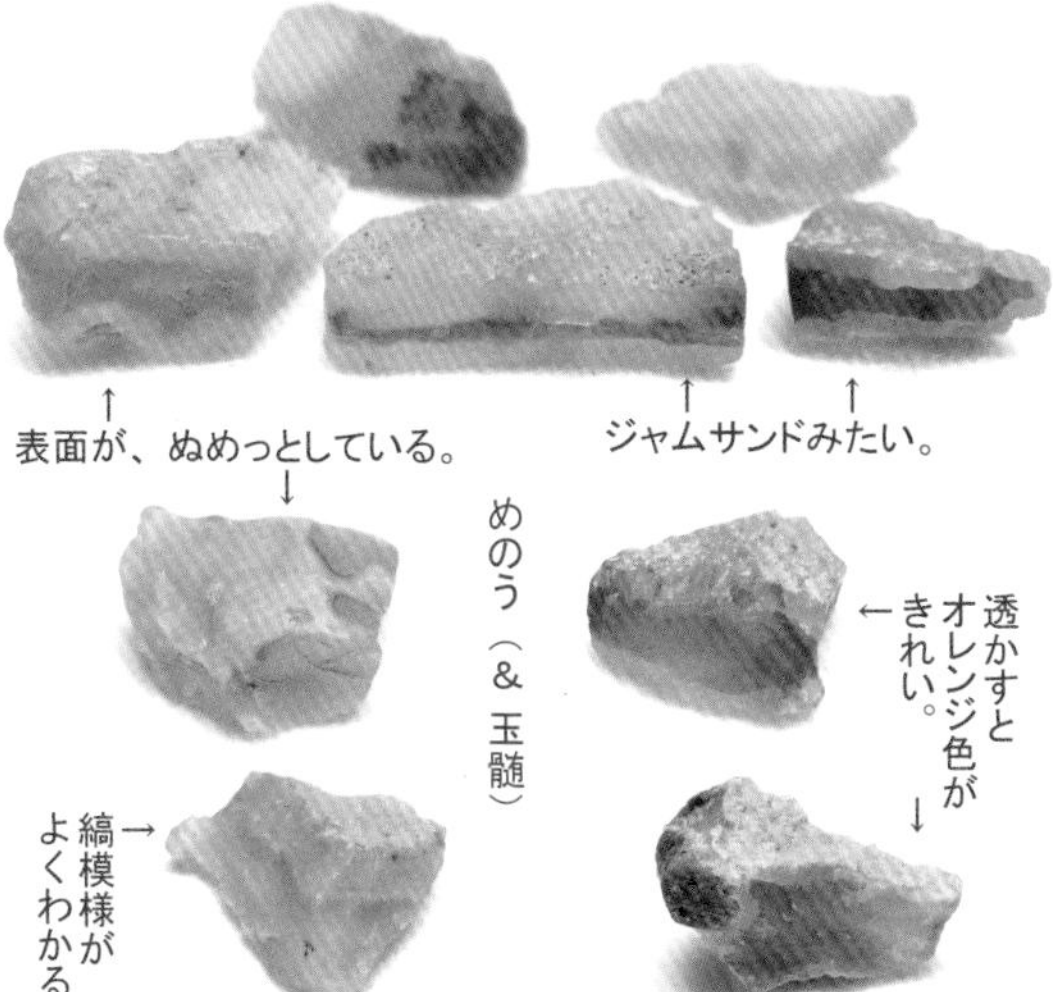
表面が、ぬめっとしている。
ジャムサンドみたい。
めのう（＆玉髄）
透かすと
オレンジ色が
きれい。
縞模様が
よくわかる。

こんなものも
採れたよ！

珪化木
（木の化石）
古そうな
お茶碗のカケラ
古銭

次に、この川の本流へ、移動。

ここは、広い河原に、車で入れるので、道をつくる必要なし！

川の流れも穏やかで、石が拾いやすそうだ。

ただ、すでに夕方近かったので、川には入らず、岸にしゃがんで「川で洗濯」スタイル。

しかし、だからなのか……めのうは あまり見つからなかった。

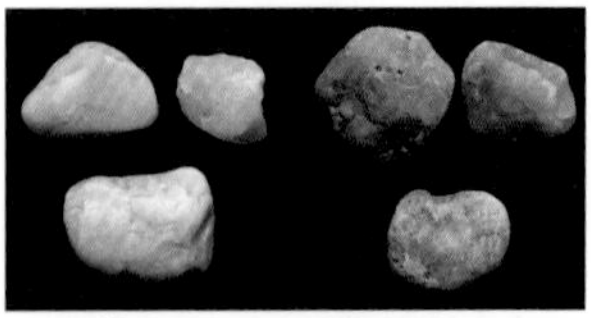

石英かな、めのうかな……

残念な教え子は、途中から「かわいい石を拾う」に方針変更。

こちらの河原には、
魅力的な「岩石」が、たくさんあった。
とくに、鉱物の粒々を感じられるものは、
中がどうなっているか、
気になって仕方がない……

なので急遽、
石を割ってみよう大会に。

拾った岩石。⇒

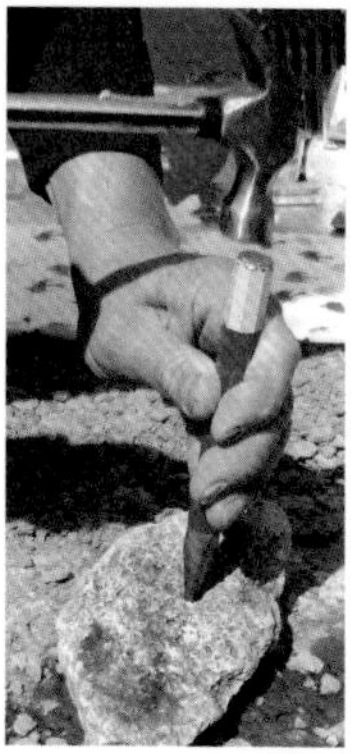

きれいに割れそうなポイントを探し、そこにたがねを当て、ハンマーで叩く。

そうやって割るんだ。
よし、ここがいいな。
こうすると石が粉々にならないんだ。
岩石のお勉強～

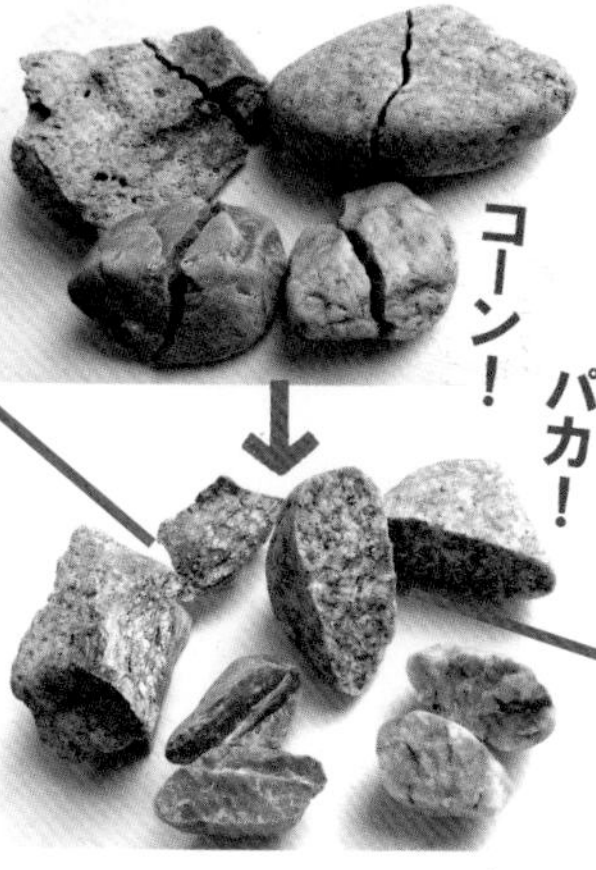

コーン！
パカ！

表面と違う、中の色が意外。
軽さも相まって雷おこしみたいな石。

鉄の成分でサビサビに
なっているところから割れた。

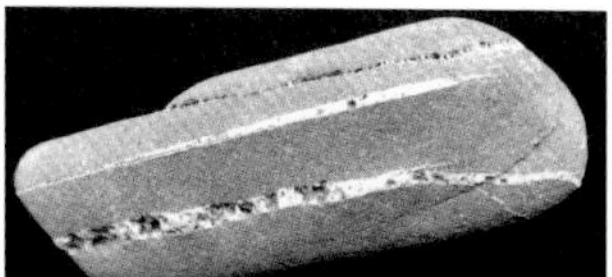

石英脈に時々、水晶の結晶が。
（もったいなくて割れなかった）

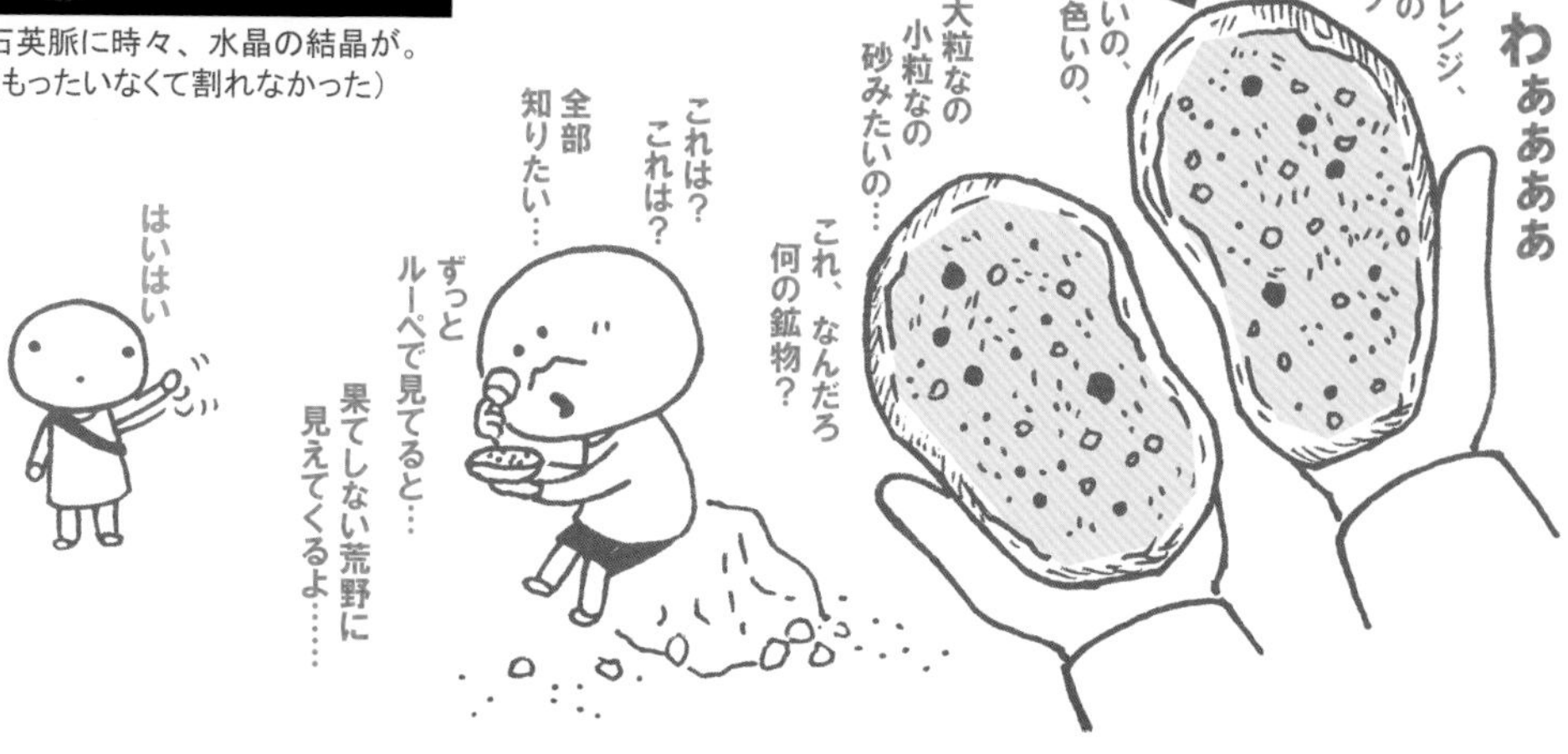

わぁあああ
緑、オレンジ、白……のキラキラした粒
黒いの、黄色いの、
大粒なの小粒なの砂みたいの…
これ、なんだろ何の鉱物？
これは？これは？
全部知りたい…
ずっとルーペで見てると…
果てしない荒野に見えてくるよ……
はいはい

陽が傾いてきた。

そろそろ
帰りますよー
何度もいう
は――い
何度もいう
は――い…
何度もいう

もう一回だけ、
このひと掘りで最後にするから……
そのくり返しで、
手が止まらない。

いい石が出なければ、もう一回、
出たら出たで、
もっとあるかもと、もう一回。

石拾いって、
なんでこんなに
夢中になっちゃうのか。

拾った石を、観察してみよう。

今回見つけためのうで、これが一番かな。

ってこれ、石の人が見つけた石なんだけどね。

拡大

ポコポコしてる〜

拡大

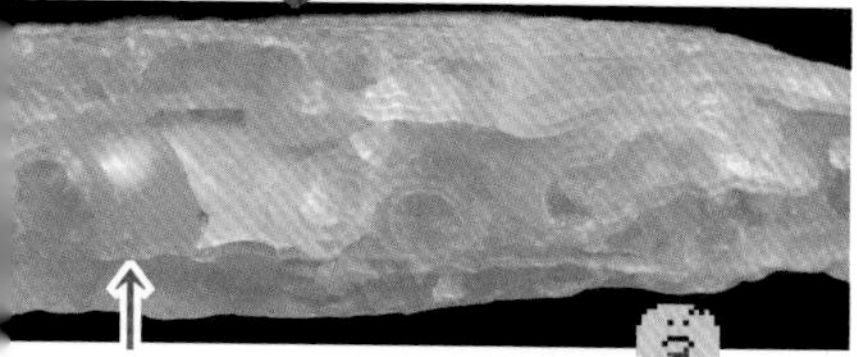

ここもポコポコしてる〜

おっ、よく見ると縞模様があるよ。これって「めのう」だよね！

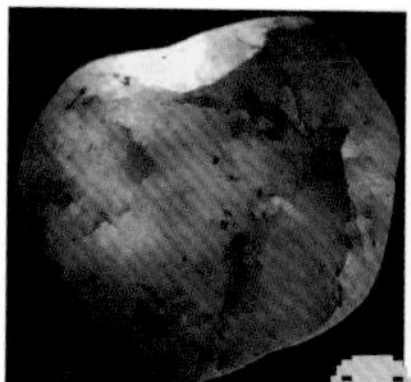

白っぽい石英の石コロを暗いところで透かしたら、現地で見たより透明なオレンジ色。

ジャガイモじゃないよ。

この石、やけにスベスベしてるね。

火打ち石にもなるチャートだよ。

おお、チャート！↓

P18、42

あれ？何かついてる…

珪化木♪

拡大

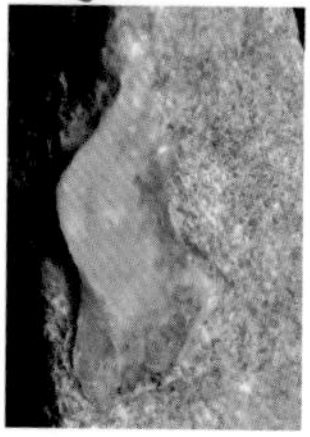

おぉ、これはめのうだね！

ブラシで磨いたらすごくきれいになったよ。苔がついてたんだな…

拡大

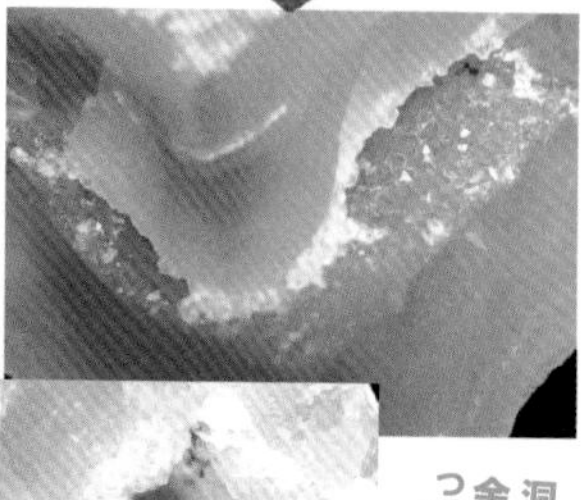

わー、ちっちゃい水晶がいっぱい！

洞窟に隠された金銀財宝！ってかんじ？

この2つも珪化木？

たしかに似てるけど、珪化木はこっち。↓

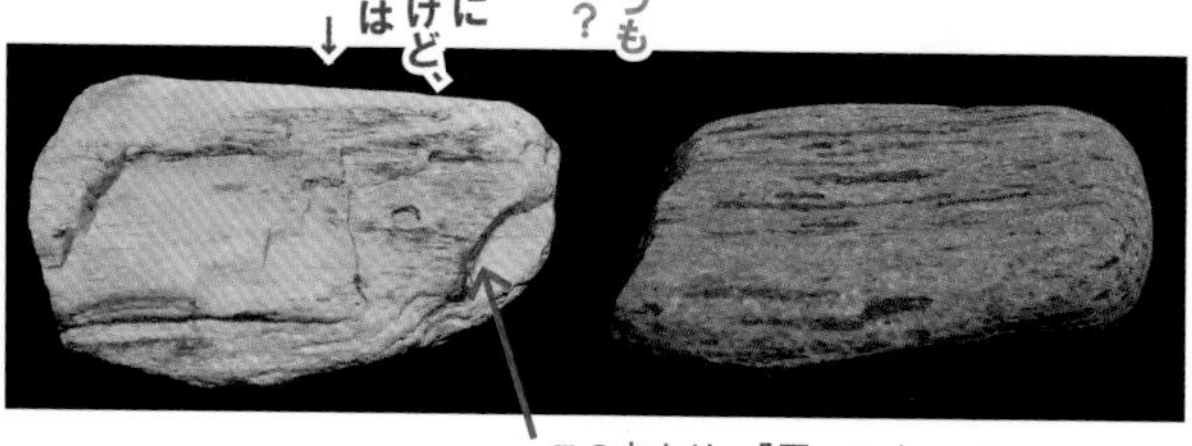

このあたり、「層」になっていて、木の年輪だったことを感じさせる。

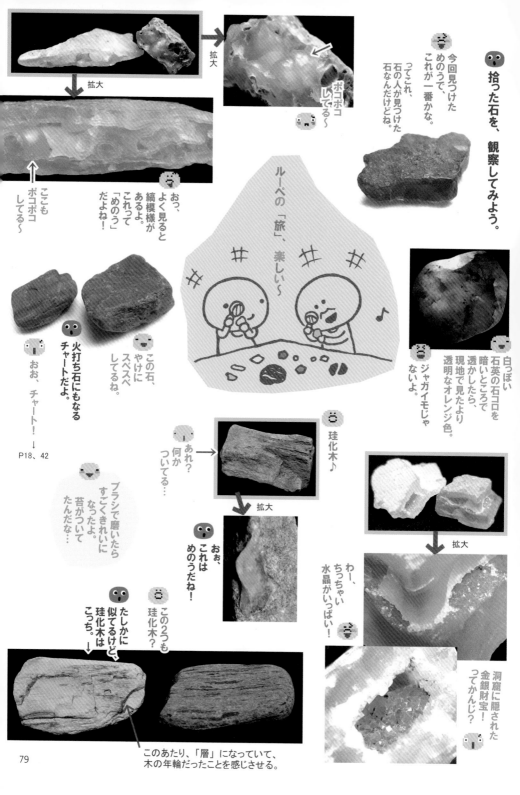

ちょっと ここで ◆ 石の「観察」

石は、そのまま眺めても楽しいけど、ルーペで拡大すると、また違うおもしろさや発見がある。ミクロの世界を探検しよ～

*ルーペで、太陽や強い光を覗くのは、キケンです

観察のコツ

一例です。それぞれやりやすい方法を探してみてね

ルーペは、目の近くに。（まつ毛に触れるくらい！）

親指を頬に当てる。（手ブレ対策）

↓

石を持つほうの手を動かし、ピントが合う位置を探す。

ルーペ側は動かさない！

↓

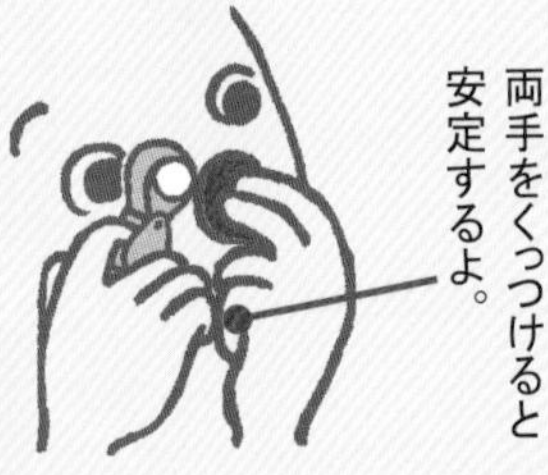

両手をくっつけると安定するよ。

（これも、手ブレ対策）

虫眼鏡の覗き方とは違うんだね。

k.m.p.流 観察アイテム

持ってる道具でなんとか工夫

手持ちルーペ

右の図で使っているもの。倍率は、10倍くらいが使いやすい。

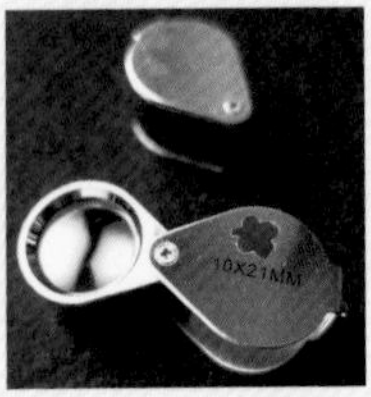

持ち歩きにも便利。

置き型ルーペ

もともとデザイン仕事で使っているもの。置いたまま観察するのに便利。6倍。

折り畳み式

←

↓

大きい石にはこんな風にして

ハンディ顕微鏡

砂などの小さなものが観察できる、60～120倍。覗いて見える直径は、約1ミリの世界。

白色＆UVライト付

つい、飛んできた虫とか見ちゃうんだよね…

ライトいろいろ

白、オレンジ、UVライト……を、使い分けながら。

＊ UVライト＝ブラックライト・紫外線ライトとも
（このライトは目に向けないよう気をつけましょう）

ライトテーブル

透明感のある石は、下から照らすと、よく観察できる。

一見、地味めな石も、下からライトを当てると……

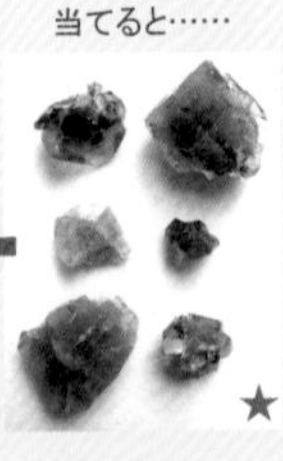

★

←

魅力倍増♥

その6 石のミドコロ

石の観察、ハマっちゃった？

うん、ずっと見てても飽きないよ。

でも、知識があったら、もっと楽しいんだろうな〜

じゃあ、どこをどう見たらいいか、
「ミドコロ」を教えようか。

また
ちっちゃくなって、
石の中へ、ゴー！

行ってみよー
しゅるしゅる
しゅるしゅる
しゅるしゅる……

水晶を観察してみよう

でっかい水晶！

私たちが小さくなったんでしょーが

さぁ、

水晶のミドコロを案内していくよー

成長痕や、不思議な現象を見ていこー

レコードキーパー
（凸の三角形）

きれいな三角！

この三角形がいくつも連なって、錐面がつくられるんだよ。

トライゴーニック
（凹の逆三角形）

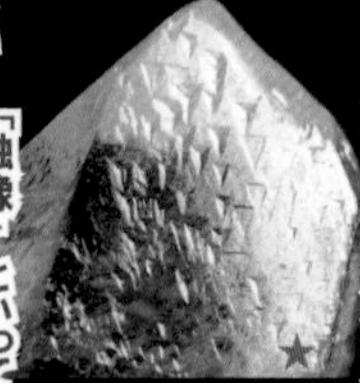

こっちはたくさんの逆三角。

「蝕像」といって、結晶面が熱水などにとけたりしてできた形だよ。

楔型文字みたい。

これだけおぼえといて～

ポイント…片方に錐面がある水晶

クラスター…↑が群生したもの（群晶）

ぼわーっと、水晶と同じ形が見えるよ。

ファントム
（山入り水晶とも）

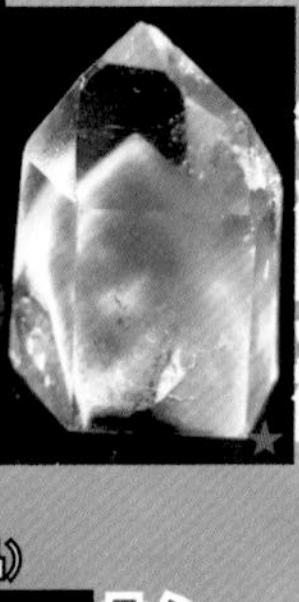

これは、成長中に環境が変わったことで、成長が止まったり…再開したり…をくり返した証なんだよ。

ファントムは、幻とか幽霊って意味。

条線
（柱面にバーコード状の横筋）

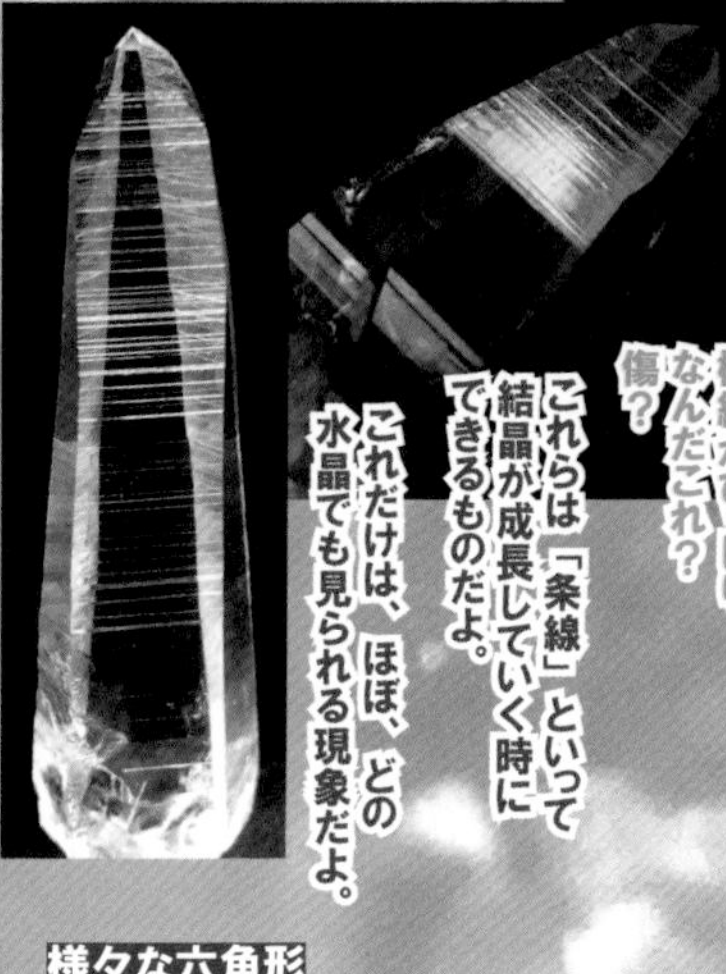

横線がびっしり。なんだこれ？傷？

これらは「条線」といって結晶が成長していく時にできるものだよ。

これだけは、ほぼ、どの水晶でも見られる現象だよ。

タビー（平たい水晶）

この形好き～

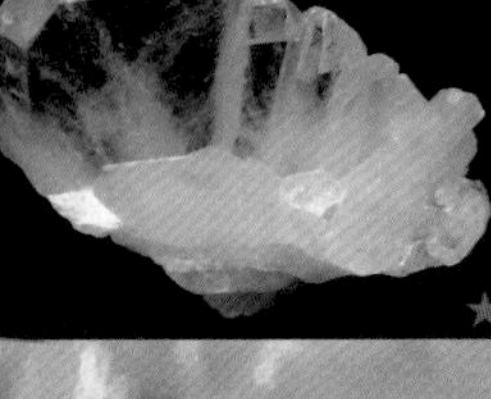

タビーは、テーブル状の、って意味。

めったに無いから見つけるとうれしいよね。

様々な六角形

みんな六角柱だけど、その形状は様々なんだよ。上から眺めてみよう！

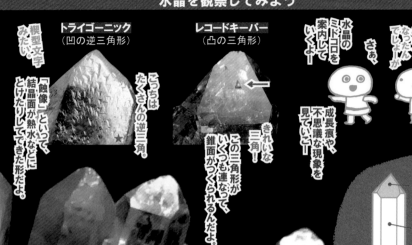

ウィンドウ

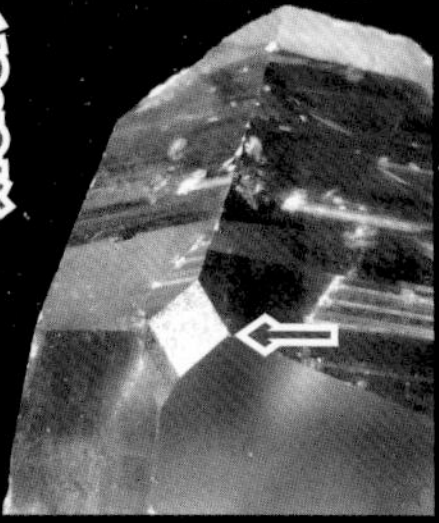

タイムリング

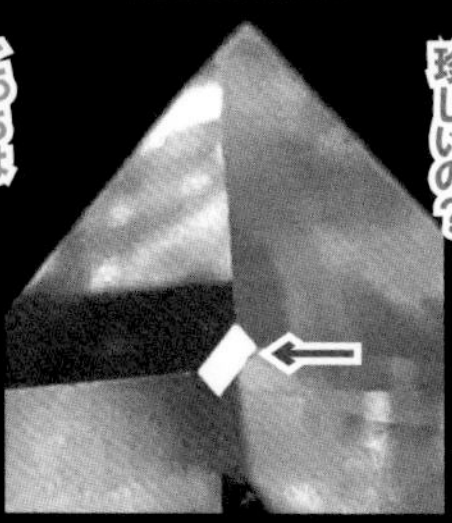

この平行四辺形が珍しいの？

こっちはひし形だ。

この2つは、錐面でも柱面でもない面があらわれる現象なんだよ。

シンギング
（singing）

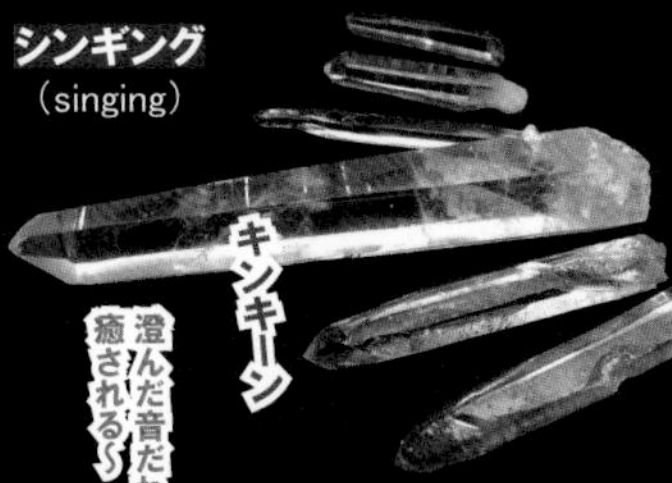

最後に「耳」で観察。

たたくと金属音のする水晶だよ。

キンキーン

澄んだ音だね、癒される〜

こすっただけでもシャリシャリいってる。

エンジェル ラダー（天使のはしご）

強い光を当ててごらん。

おーっ、青白い線が浮かび上がった！

これは、原子配列のズレによる格子欠陥が要因といわれ…

わかんないけどわかったー（2回め）

こっち行ってみようよ〜

ここで紹介したものは「条線」を除いては、ちょっと珍しいものだよ。

もし持ってる水晶にあったらラッキーだね。

ファーデン

真ん中の白いモヤみたいなのは何？

これを起点に板状の結晶が伸び、水晶が成長したんだよ。

ドイツ語で「糸」を意味するファーデンというよ。

水晶って、六角柱の形も錐面の形も1本1本違うんだね。

うん、それぞれにストーリーがあって愛おしいよね。

じゃ、次行くよー

背景の水晶は★

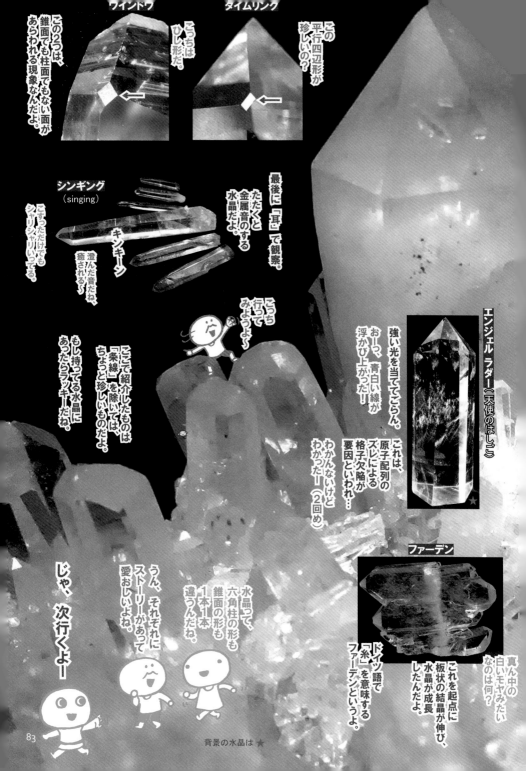

「内包物（インクルージョン）」を探してみよう

次は、この石を見てみよう。
通称ハーキマー・ダイヤモンド。
これも水晶なんだよ。
この石の中に、「何か」が入っていることがあるよ。
液体、気体、固体……
ルーペで観察してみよう。

これってカットしたり磨いたりしてないんだ！
ある意味ダイヤモンドよりすごくない？

「条線」がほとんど無いのもこの水晶の特徴だよ。

そういえば！だからすべすべして透明感があるんだね。

で、この輝きから、「ダイヤモンド」って愛称が付いたってわけか。

約 3.3cm

ハーキマーは地名。
ダイヤモンドは愛称。
両端に錐面があり、柱面が短くコロコロした形。透明度が高いのが特徴だよ。

＊このような水晶はほかの鉱山でも採れますが、ハーキマー鉱山（USA NY 州）のものが有名

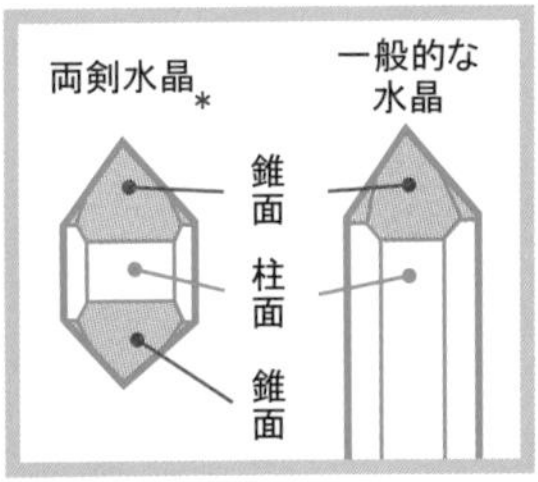
両剣水晶＊
一般的な水晶
錐面
柱面
錐面

＊両頭、両錐、ダブルポイント、ダブルターミネイテッド、DTとも

水晶が成長する過程で、中に「空洞」ができることがあり、そこで様々なドラマが……

ここ、「気泡」が動いたのがわかるかな？
この空洞の中には「水」が入ってるってこと。

水＋気泡

ちょっと傾けると

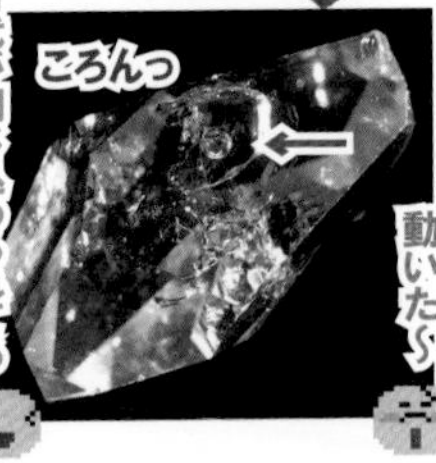
ころんっ

古代が閉じ込められてる

動いた！

これは、水が入ったチューブ状の空洞に、「カーボン（炭素）」が入っていて、スノードームみたいにゆっくり移動するよ。

水＋カーボン

拡大

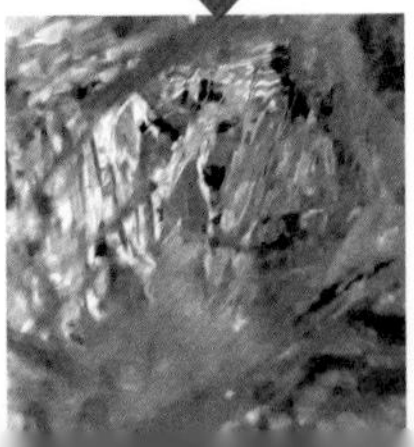

水の入っていない空洞では、カーボンが、カサカサと動くよ。

カーボン

拡大

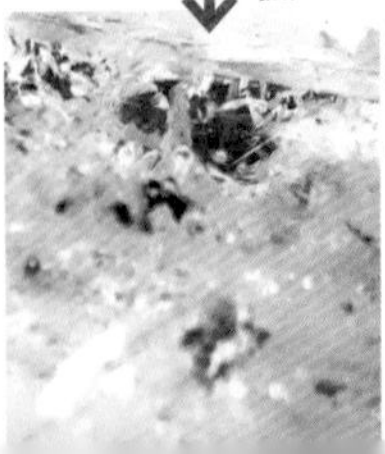

＊動くものは、画像ではお伝えしにくく歯がゆいです…

ネガティブ（負晶）

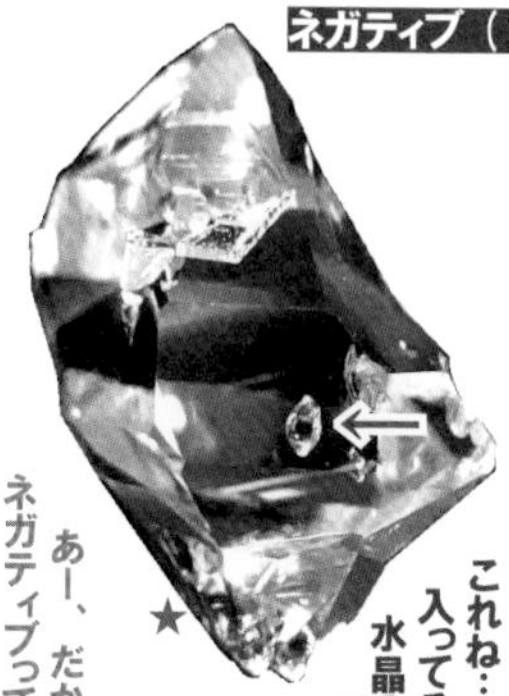

ねぇねぇ、中に、同じ形の水晶が入ってるよ！

これね……入ってるんじゃなくて、水晶の形の「空洞」なんだよ。

えーっ、そうなの？「無い」んだ！

あー、だからネガティブっていうのか！

ひと粒ひと粒、個性があるね。

右頁の石の裏側

これ以外にも、「オイルをまとった気泡が、水の中で動く…」なんていうのもあるよ。

動いてるとこ見せたいなぁ…

見られます！

オイル

UVライトを当てると蛍光するものは、古代に閉じ込められた「オイル」だよ。

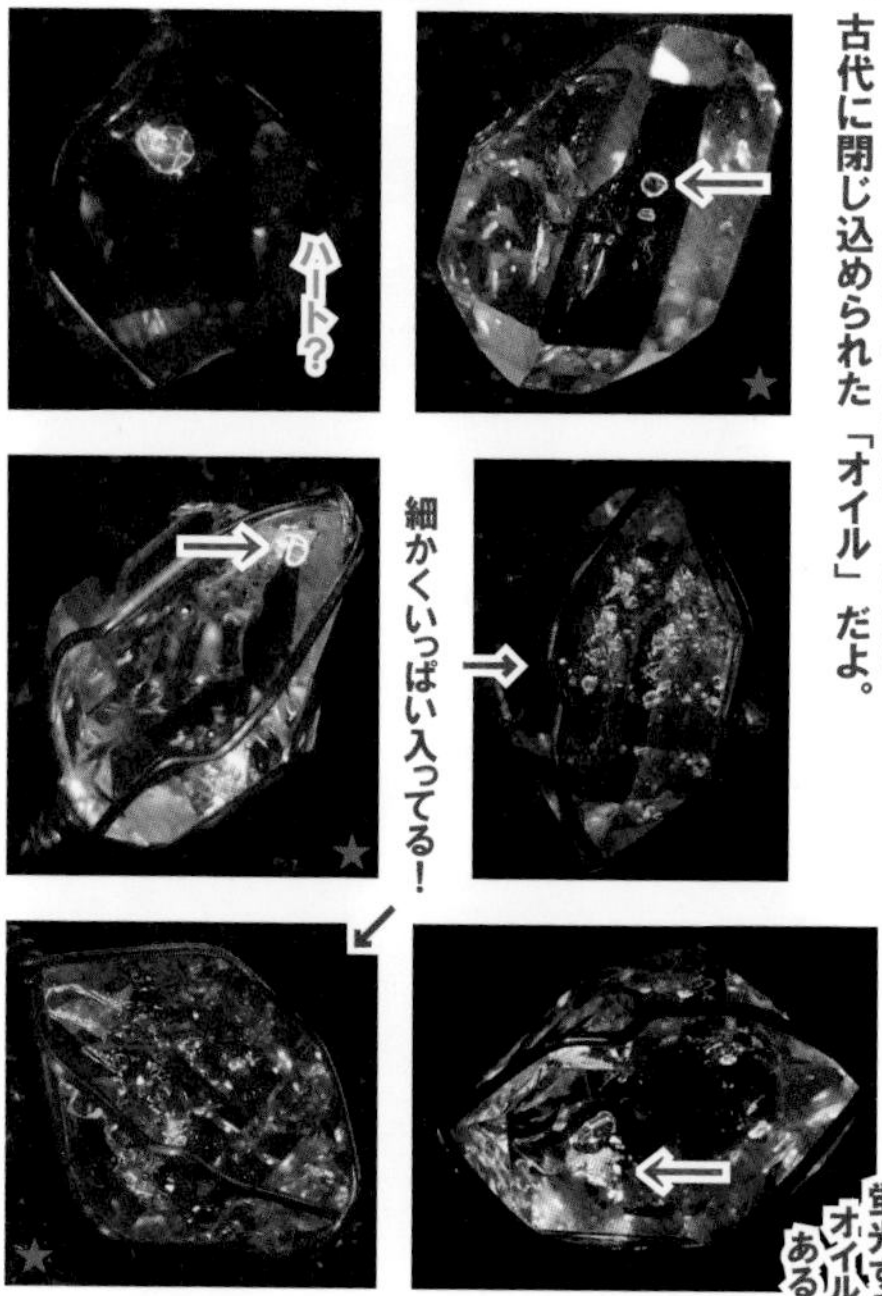

細かくいっぱい入ってる！

黄緑色に蛍光するオイルもあるよ。

*ハーキマー・ダイヤモンドにオイルが入っていることは比較的珍しいです

虹（アイリス）

内部のクラック（薄いひび）に光が当たると、「虹」があらわれるよ。

きれいだ…

これらのミドコロは、内包物（インクルージョン）と呼ぶよ。鉱物が結晶していく時に、一緒に閉じ込められたものだよ。

略してインクル

内包物や成長痕は、「宝石」としては無いほうが高級とされるけど、天然石の証でもあるし、何より、そのひと粒だけの「個性」でもあるから、鉱物を楽しむ醍醐味でもあるんだよ。

同意！

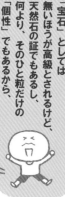

こんな「内包物」も

「内包物（インクルージョン）」には、こんなものもあるよ。
ここに挙げたものは、どれも、メインは「水晶」。
でも、取り込まれたものによって、まったく違う鉱物に見えるね。

トルマリン（電気石）入り水晶

これもルチル？

針状なので、ルチルと間違われやすいけど、これはトルマリン。

ルチル（金紅石）入り水晶

金の針みたいなのがいっぱい入ってる！

イェーイ、金だー

違います。

デンドリティック・クォーツ
（忍石（摸樹石）入り水晶）

これ、植物の化石？

……って、思うよね（笑）

これは、水晶にできた割れめに、鉄やマンガンなどが、木の枝のような形で結晶化したものだよ。

＊この樹枝状の結晶のことをデンドライトという

あ、愚者の金だね。→ P25

パイライト（黄鉄鉱）入り水晶

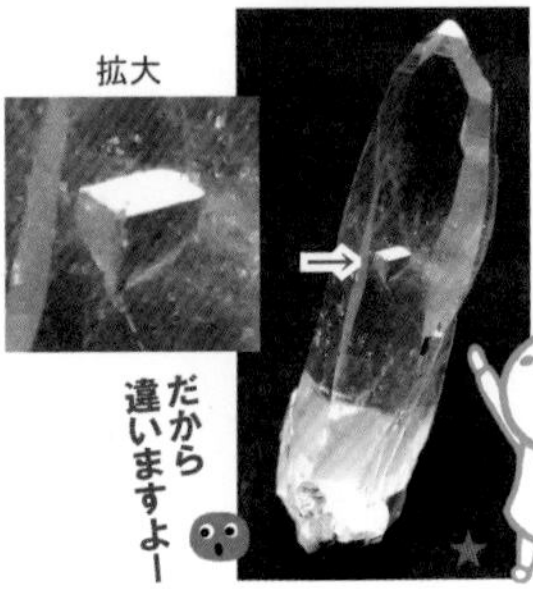

キューブ型の金が入ってるぅ

だから違いますよー

モス・クォーツ／ファーデン・クォーツ
（苔入り水晶）　　（庭園水晶）

別の鉱物＊を取り込むことで、苔や植物が生えているように見えるよ。

風景にも見えるね

＊おもにクローライト（緑泥石）
↑鉱物のグループ名

バイオレットフローライト
入り水晶

キュートな奇跡！

すごい！
キューブ型の
フローライトが
いっぱい入ってる。

デュモルチェライト
入り水晶

まんべんなく入って、
まるで青い水晶。

ギララライト（ジラライト）入り水晶

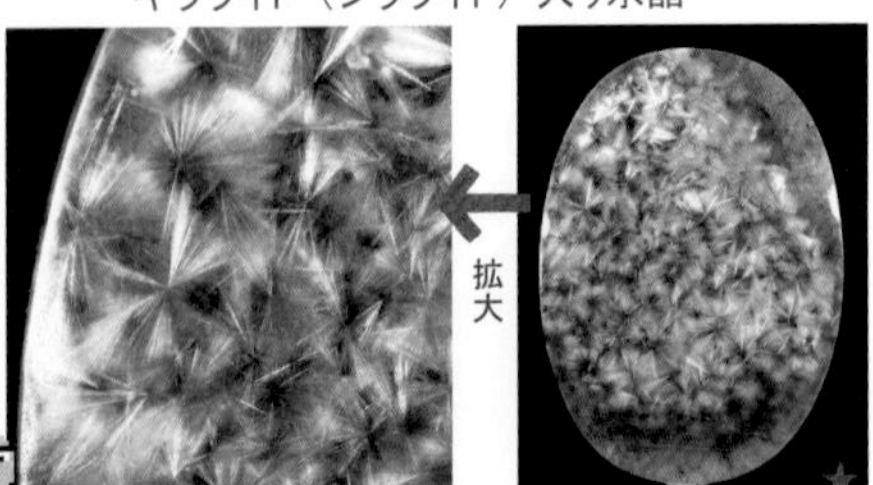

なんて美しい！

これだけ びっしり入っているのは、希少！

ブルッカイト（板チタン石）入り水晶

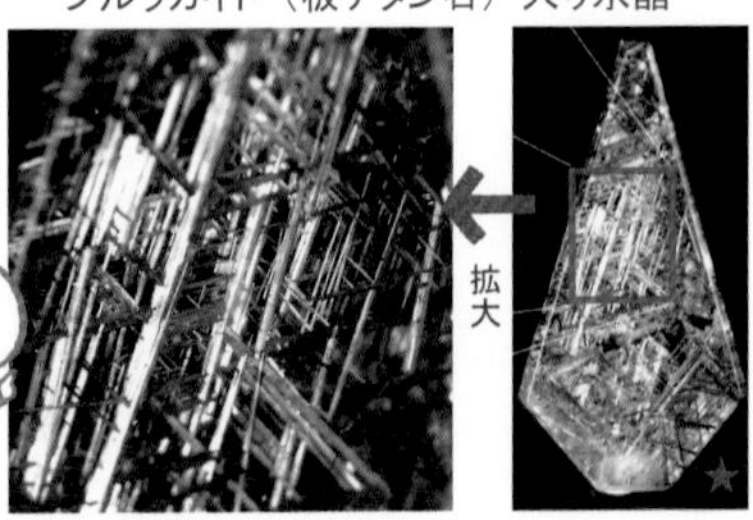

工業地帯の夜景みたいだ。

あ、水晶に水晶が入ってるってこともあるよ～

えー、そんなこともあるんだ。てかそれも「内包物」っていうのか。

むしろ、これこそが、究極の内包物といいたい！

クォーツ in クォーツ（貫入水晶）

立派な六角柱が入ってる！

こっちはちっちゃーいのがいっぱい入ってる！

クラスター in クォーツ

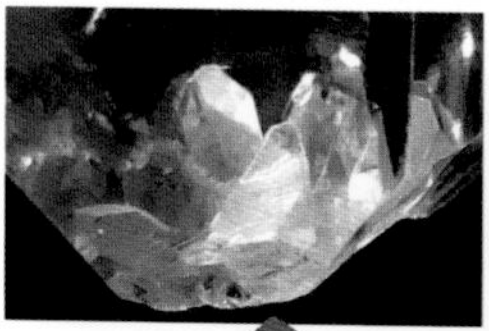

拡大

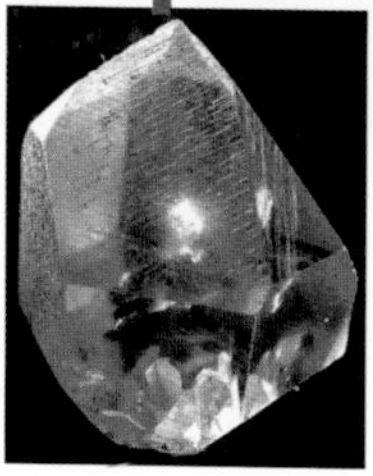

クラスター（群晶）ごと中に入ってる、まれなタイプだね。

どうしてこんなことに？

中の小さいほうが先に結晶していて、それを飲み込んで成長したんだね。

これは、ひとつの石の中に、7つの鉱物が入ってる。その名も……

スーパーセブン～！

水晶、アメシスト、スモーキークォーツ、レピドクロサイト（鱗鉄鉱）、カコクセナイト（カコクセン石）、ゲーサイト（針鉄鉱）、ルチル（金紅石）

そんな石もあるんだ～

あれ？でもこんなに鉱物が混ざり合ってたら、「岩石」ってことにならない？

水晶、アメシスト、スモーキークォーツ…が、3色の「水晶」でひとつの結晶。それが基本になって、そこに、4つの内包物が入ってるってこと。

＊必ずしも7つ全部入っていなくてもいいそう。というか、揃っているほうが、まれらしい

なるほど。

しかし、すごいネーミングだね。

「光の筋」があらわれる石、知ってる？これも、内包物によるものだよ。

六条星だ！

スター効果 星彩効果・アステリズムとも

スタールビー

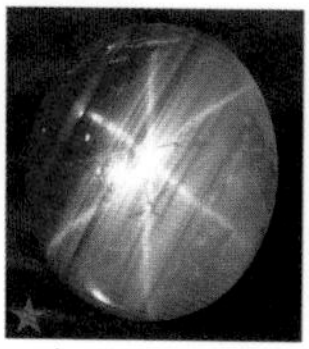

スターサファイア

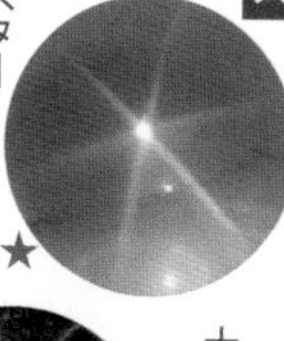

スターミルキークォーツ

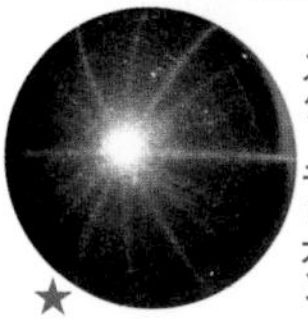

十六条のスターモリオン

キャッツアイ効果 変彩効果・シャトヤンシーとも

クリソベリル キャッツアイ

2月の誕生石♥

＊単に「キャッツアイ」という場合は、通常この石を指します

針状に並んだ内包物を持った石をドーム状に研磨すると…この星があらわれるんだよ。

「内包物」が、この星を見せてくれてるのか…

まだまだあるけど、こんなところで。

おもしろかった～。内包物は邪魔者どころか、立派な名前が付けられて、独立した宝石になっているんだねぇ。

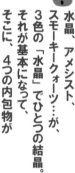

あれもこれも、拡大して見てみよう

次は、思いきり拡大して、観察してみよう。

「ジオード」*の中は
キラキラ、ギザギザ
してるだけのように
見えたけど……

約 12cm

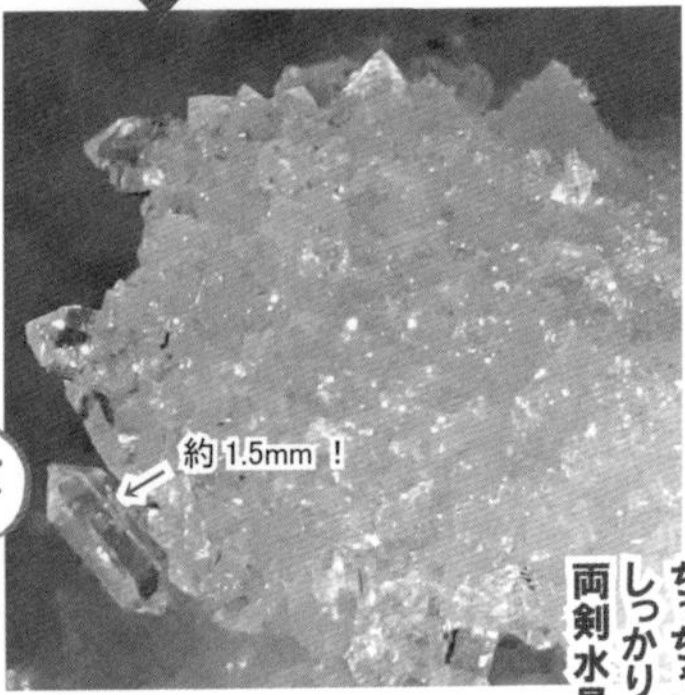
約 1.5mm ！

えらいね……

ちっちゃいけど、
しっかりした形の
両剣水晶が！

「石英脈」も、
ルーペで
観察してみると……

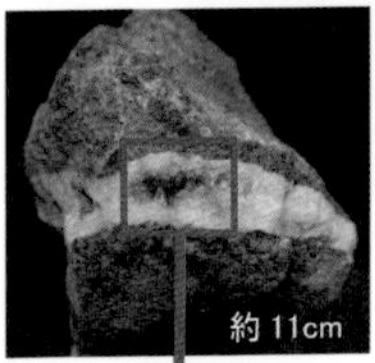
約 11cm

拡大しないと
わからない、
広い広い
ミクロの世界。

上から下から
ちっちゃい水晶。
どれも立派な
六角柱！

洞窟が奥まで
続いてる
かんじが
そそられるぅ♥

ルーペで
見なかったら
まったく
知らなかった
境地…

アメジストの
「ドゥルージー」*。
すりガラスか、
砂糖菓子のような
質感。

拡大してみると……

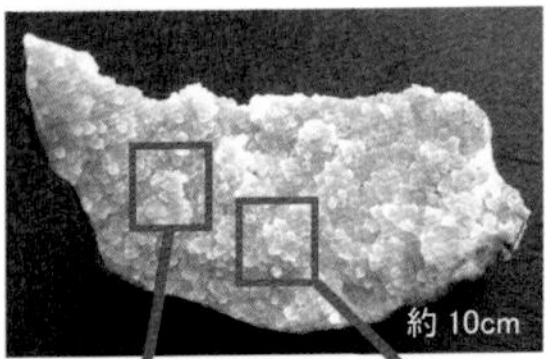
約 10cm

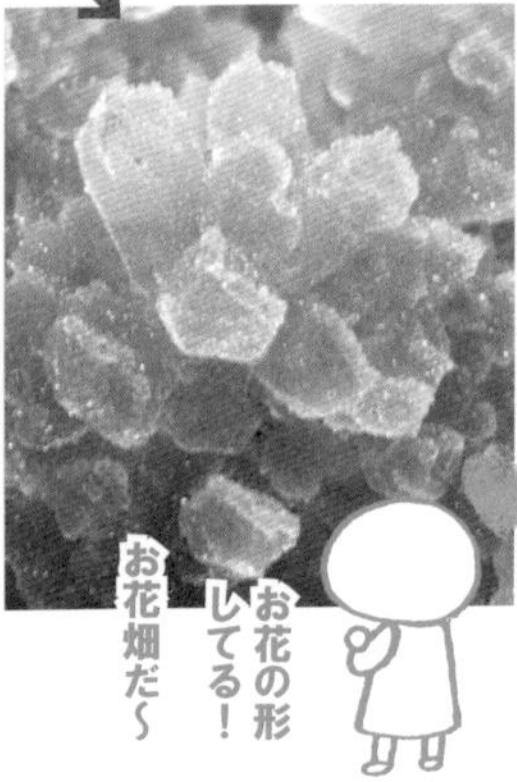

花びらに粒々が付いていたんだね。

お花の形
してる！

お花畑だ〜

最後に、
ハーキマー・
ダイヤモンドの
「母岩」を見て〜

ハーキマー・
ダイヤモンド
約 14cm

わ、わ、わ、
ちっちゃい
ハーキマーが
いっぱい！
約 0.5mm
約 1mm

かわいー

＊ジオード（晶洞）…岩石内部にできた空洞。石英（水晶・アメジスト・瑪瑙など）で覆われている

＊ドゥルージー（晶洞・集晶）…↑その細かい結晶部分のことをいう

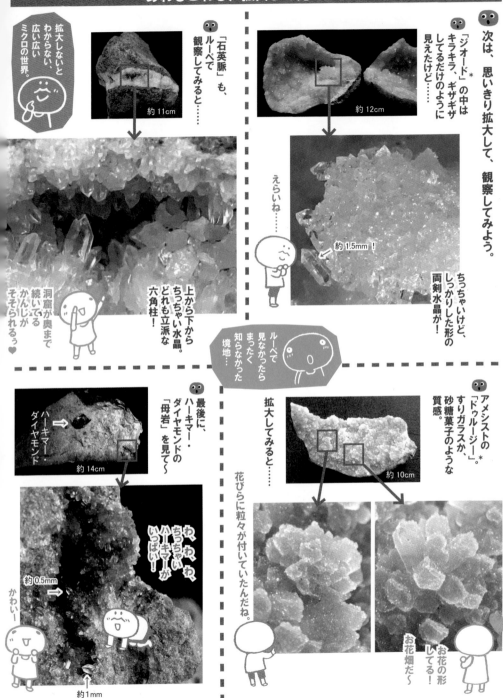

ちょっと ここで ◆ おもしろい石

これも、いい音で有名な石だよ。

サヌカイト（安山岩）

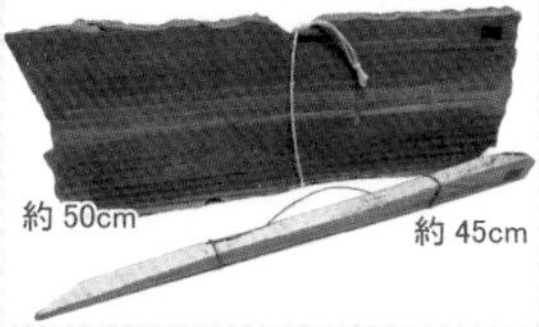

約 50cm
約 45cm

讃岐（香川県）で採れる溶岩。

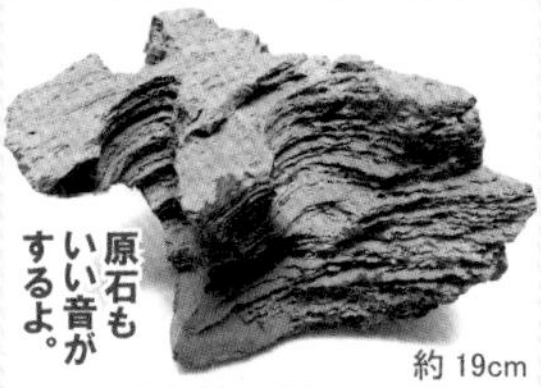

原石もいい音がするよ。
約 19cm

風鈴や石琴にもなってるよ。

澄んだ音だね……

叩く場所によって「和音」が聞こえることがあるんだよ〜❤

いい音がする石

石はどれも、叩けばそこそこいい音がするんじゃないの？

じゃ実際に鳴らして比べてみ〜

シンギングクォーツ（水晶）

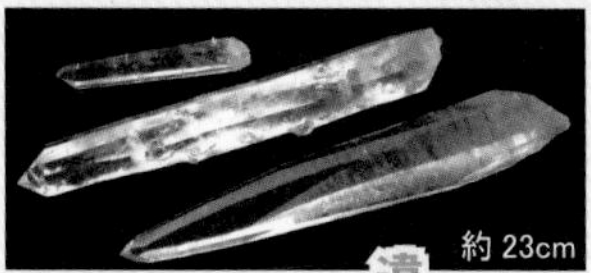

約 23cm

水晶どうしがあたる音も、心地よい音色だよ。

チャリ
チャリ
チャリ

違う！
あ！
キンキン
キーン
コツ
コツ
↑普通の水晶

根元を2本の指でつまみ、もう片方の手で、デコピンするようにはじく

味がする石

「味」って（笑）、石は食べないでしょ……あ、塩か！

塩の結晶

海ぶどうのパックに入ってた大きな塩の結晶。

一辺3〜4mmあったと思う。

ほかにも、甘い石、苦い石、酸っぱい石、すーっとする味の石もあるんだよ。

へぇ〜

におう石

におう？……石にニオイなんてあるの？ え？温泉？……あ、硫黄か！

ここですよ。

硫黄（サルファー）

ほかにも、叩くとニンニクみたいなニオイがする石もあるよ。

何それー

ヤバイ石

触るとヤバイ、吸い込むとヤバイ、中毒を起こす、蒸気やガスが発生……いろんなタイプのヤバイ奴がいるね。

たとえば…

エリスライト（コバルト華）

砒素を含む化合物。

見ためがきれいな分、怖いなぁ……

光る石

UVライトで、光ったり、色が変わる石があるよ。

フローライト

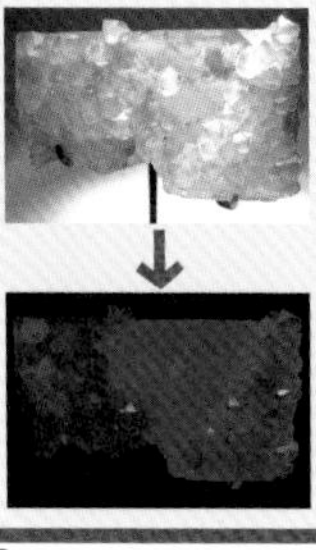

ウィレマイト

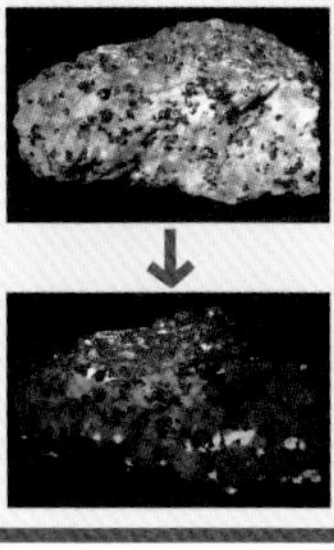

ピンク カルサイト

ハイアライト オパール

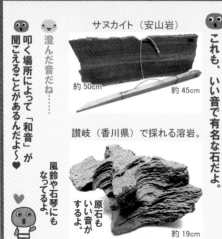

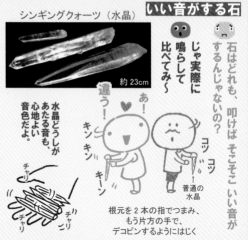

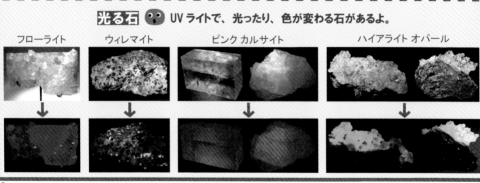

その7 石ぐるぐる博物館

ちょっと
ぞわぞわ系も
あるよ…
あなたは
どれに
ぞわるかな?

＊タイトル中、「 」でくくった言葉は、自由にネーミングしたものです

＊石のサイズは、画像の長手方向の大まかな数値です。書いていないものもあります

カラーレス《色の無い》 アメシストの「神殿」

ここらで、
自慢の「仲間」を紹介するよ。
ちょっと変わった奴らだよ。

まずこれ、
神殿の柱みたいでしょう?

宮殿かな?

奥行きもあって、
まるで、
奥に部屋が
続いてるような……
見ていると、
想像が広がって
……
わくわくしちゃう。

(意外とロマンチスト
なんだな……)

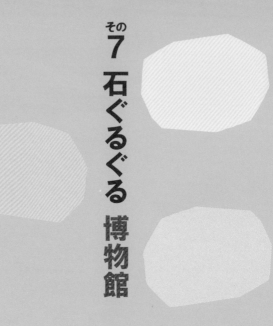

インパクトのある石

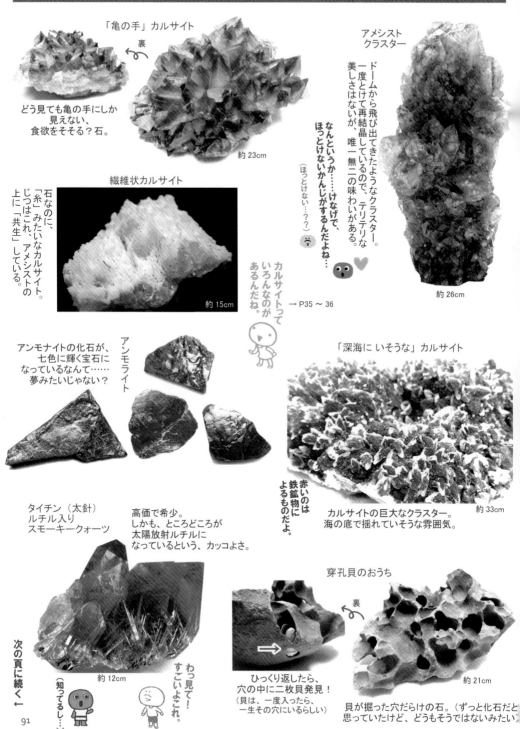

「亀の手」カルサイト

どう見ても亀の手にしか
見えない、
食欲をそそる？石。

約 23cm

アメシスト
クラスター

ドームから飛び出てきたようなクラスター。
一度とけて再結晶しているので、テリテリな
美しさはないが、唯一無二の味わいがある。

なんというか……けなげで、
ほっとけないかんじがするんだよね…

（ほっとけない…？？）

約 26cm

繊維状カルサイト

約 15cm

石なのに、
「糸」みたいなカルサイト。
じつはこれ、アメシストの
上に「共生」している。

カルサイトって
いろんなのが
あるんだね。

→ P35 〜 36

アンモライト

アンモナイトの化石が、
七色に輝く宝石に
なっているなんて……
夢みたいじゃない？

「深海に いそうな」カルサイト

約 33cm

カルサイトの巨大なクラスター。
海の底で揺れていそうな雰囲気。

赤いのは
鉄鉱物に
よるものだよ。

タイチン（太針）
ルチル入り
スモーキークォーツ

高価で希少。
しかも、ところどころが
太陽放射ルチルに
なっているという、カッコよさ。

約 12cm

わっ見て！
すごいよこれ。

（知ってるし…）

次の頁に続く←

穿孔貝のおうち

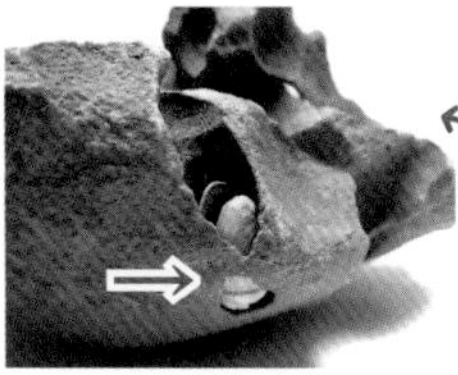

約 21cm

ひっくり返したら、
穴の中に二枚貝発見！
（貝は、一度入ったら、
一生その穴にいるらしい）

貝が掘った穴だらけの石。（ずっと化石だと
思っていたけど、どうもそうではないみたい）

この見開きの石はすべて★

＊蝕像（エッチド）水晶…成長中に、熱水などによってとかされ、そのあとが残る水晶

珪化木

裏

見ためは木だけど石英化してるから重たいよ。

大きいね。大木だったんだろうね。

ちなみに、珪化木を磨くと、こんな風合いになるよ。

＊別の石です

エレスチャル ジャカレー（ワニ水晶）のスモーキークォーツ

約 32kg

別角度

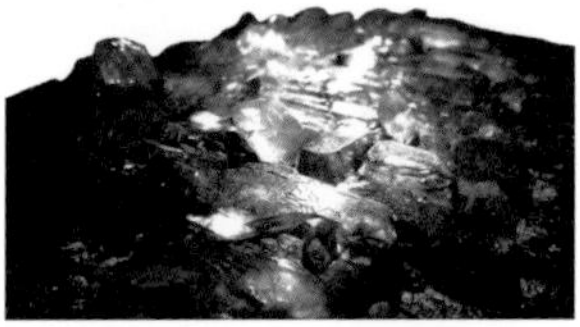

巨大なわりに、全体に透明感のある逸品。

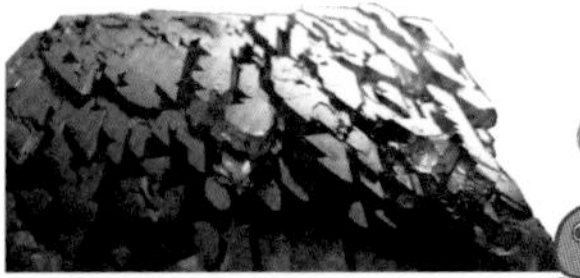

今まで見た中で一番美しい、理想のジャカレー。

さらにデカイ石だよ！
脇に 500 円玉がある画像はそれを目安にしてね。

蝕像の＊スモーキーシトリン

これ、上から見るとグインデル（ねじれ水晶）なんだよ。

約 22.5kg

透明度が高い、巨大単結晶。
それがさらに ねじれているなんて、
石好きには、たまらない。

光の当て方で 浮かび上がる蝕像

成長してる時、何が起こったんだろう……と、想像が止まらないよ！

これぜーんぶ、水晶！

薄い母岩を挟んで、上下に、別世界が広がる景観石。見ていると、いろんな想像がかきたてられる。

ルーペで見始めたら止まらないねー

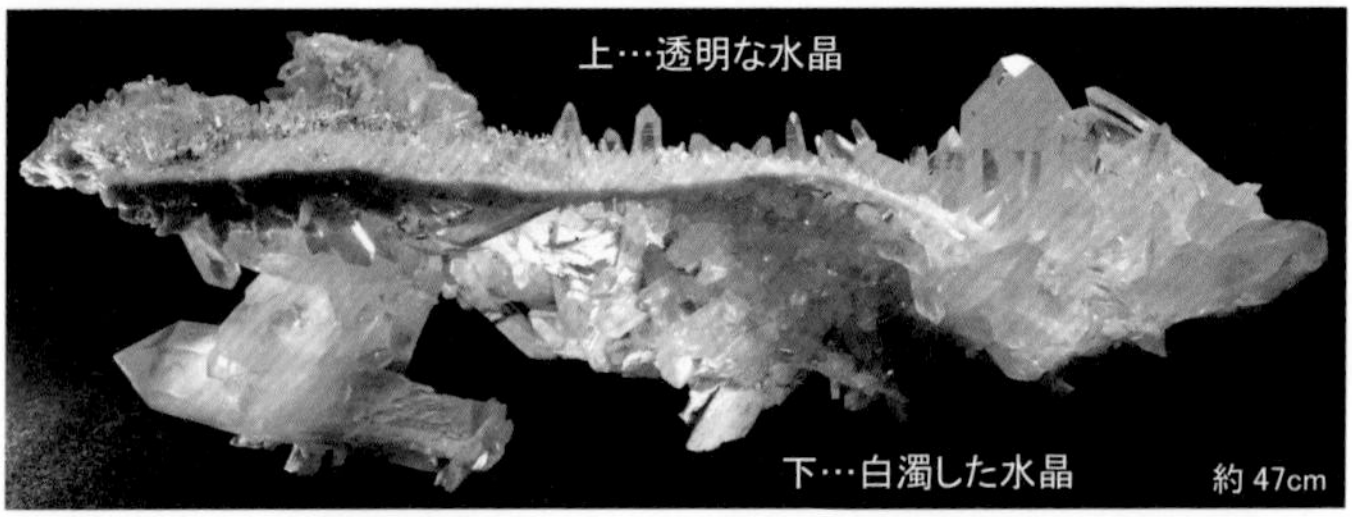
上…透明な水晶
下…白濁した水晶
約 47cm

「地上都市と 地下都市。それを運ぶ 飛行機」

自採りした水晶「ミルフィーユ」

約 29cm

拡大

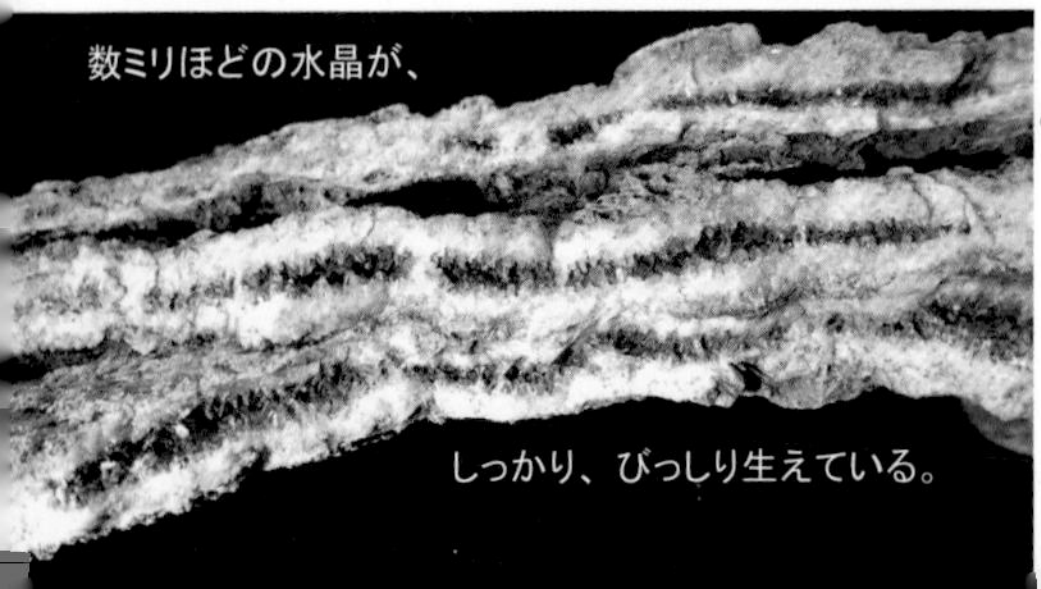
数ミリほどの水晶が、
しっかり、びっしり生えている。

大きい石英鉱脈とまったく同じ構造なので、ミニチュアのようで、たまらなくかわいい。

「恐竜の顔」

小さな水晶が、まるで歯のよう
この部分、水晶でつながっている！
約 27cm

ただただ、この迫力を感じてほしい！

ベータクォーツ

約 1.3cm

柱面のない
12 面体の
コロコロした水晶。
かわいい。

「水晶のケーキ」

約 22cm

小さい結晶のクラスターに、1本だけ、
どーんと太いのがそびえ立ってて、
ここまでの差が出るのが、興味深い。

龍の巣

「龍は水晶の洞窟に棲む」という故事があり、こういった形状の水晶クラスターをこう呼ぶ。

「覗き穴」

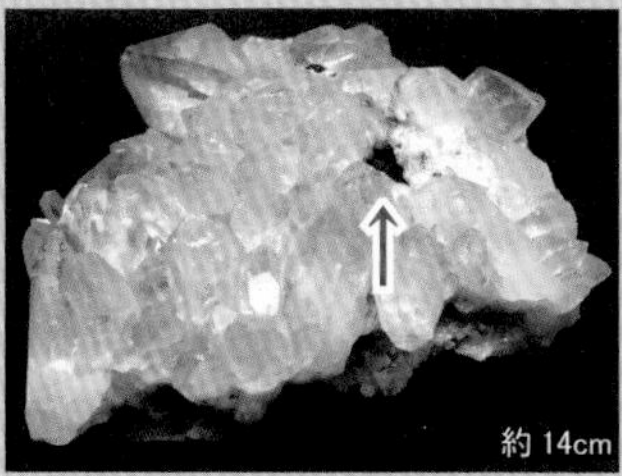
約 14cm

洞窟の入り口のような穴を覗くと、
中に小さな水晶が、びっしり。

抜け水晶

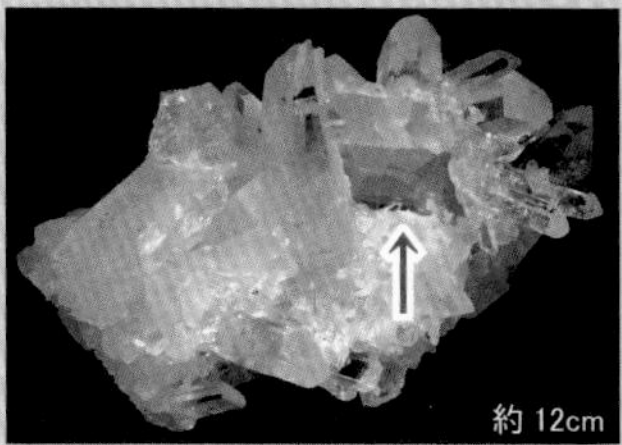
約 12cm

そこにあった鉱物が
とけて無くなった痕跡のある水晶。

「笑ってる？」

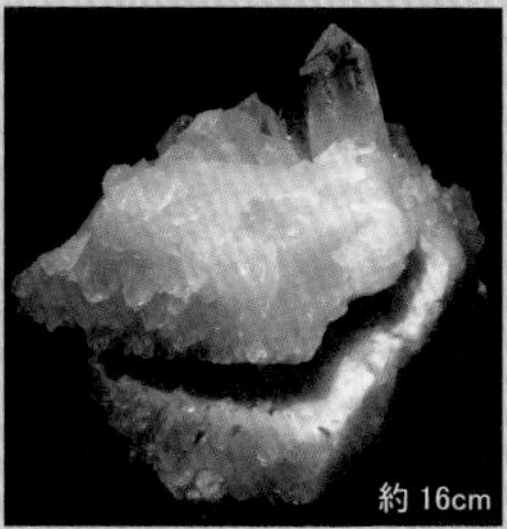
約 16cm

母岩に亀裂が入って、そこが小さい
水晶の洞窟になっているクラスター。

「神殿」

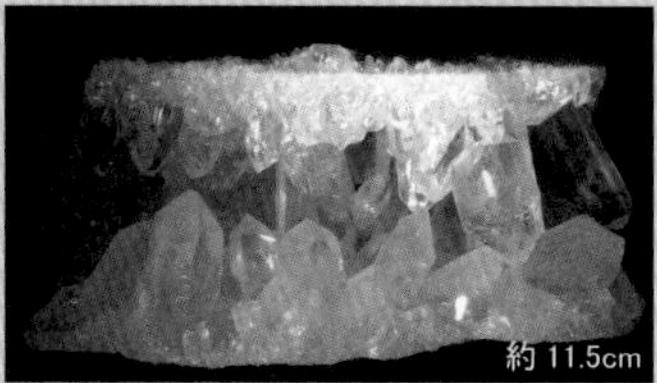
約 11.5cm

上から下から水晶が伸びてきて、
神殿の柱のよう。迷い込みたい～

クラスター in クォーツ

ここに、これだけのクラスターが飲み込まれている！クォーツ in クォーツの上をいく、小さいけれど、ダイナミックな世界!!

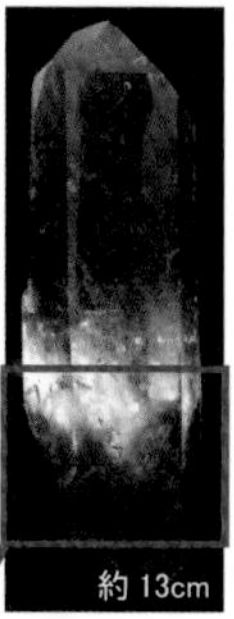
約 13cm

拡大

中世の都市みたい…

光を当てると幻想的な景色があらわれる、特別な水晶たち

3cm 前後

ディスロケーション
（ピンク／オレンジ）

光を受けると
ピンク～オレンジ色を
反射して見せる現象

ディスロケーション
（ブルー）

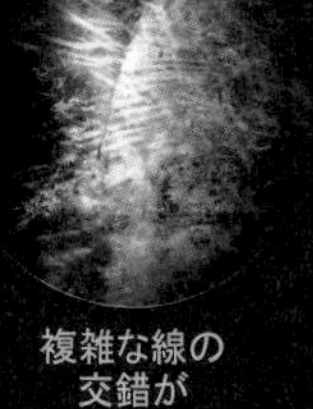

複雑な線の
交錯が
おもしろいよ

ほうき星入り

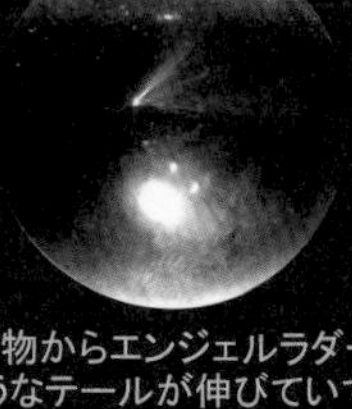

内包物からエンジェルラダーの
ようなテールが伸びていて、
暗がりで見たら、まさに彗星

エンジェルラダー
（ブルー）

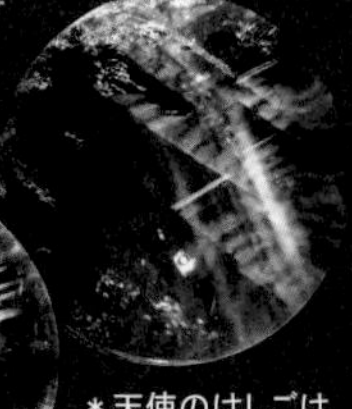

＊天使のはしごは
P83 にも

天から降ろされたような青いはしご

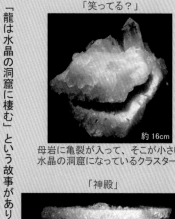

こちらの原石には「シデライト」が内包されているので、UVライトを当てると、光を消したあとも、3秒くらい発光します。

約 12cm

ハーキマー・ダイヤモンドの巨大原石

約 12.5cm

は〜ハーキマーの魅力、底知れないよ…

P84 でも紹介した、ハーキマー・ダイヤモンドの、巨大な原石。
大きい分、たくさんの魅力的な内包物を取り込んでいて、眺めるたびに発見があって楽しい。

コロンビアの **ニードル クォーツ クラスター**（針状水晶）…の中でも、特徴のあるものを集めました。

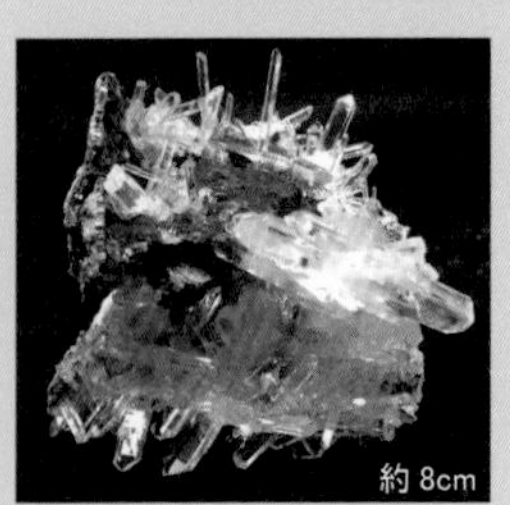
約 8cm

コロンビア産で、クローライトが付いているのは珍しい。

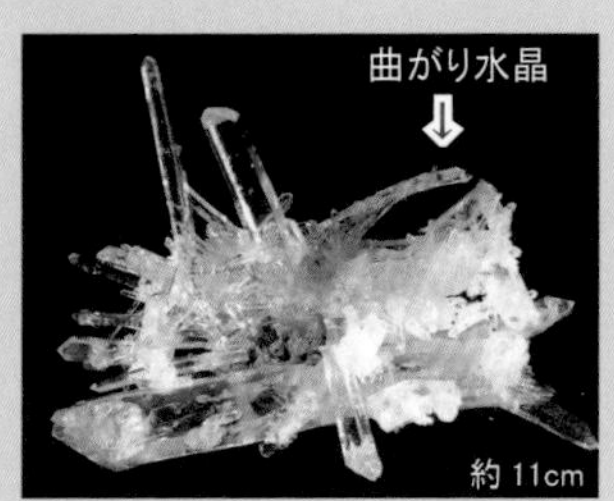
曲がり水晶
約 11cm

こんなに細いのに、折れずに「ちゃんと曲がってる」のがうれしい。

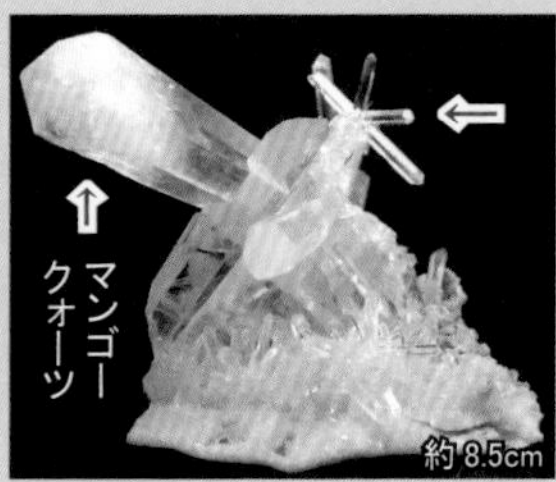
マンゴークォーツ
約 8.5cm

光を当てると、結晶の柱面に、ブルーミストがあらわれる。

細〜い水晶の六条星がかわいい。

ホット スポット入り水晶

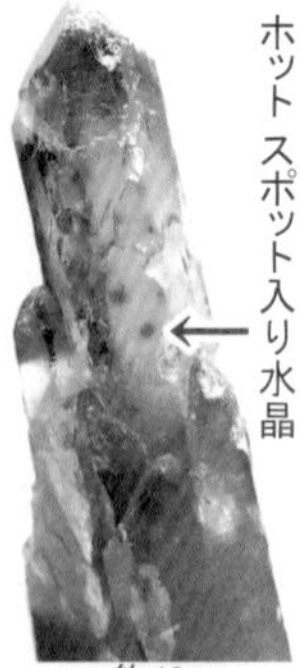
約 12cm

自然の放射線が当たって、まれにできる模様。めったに出会えない。

……だからうれしい。

エンジェル ラダー（ピンク）

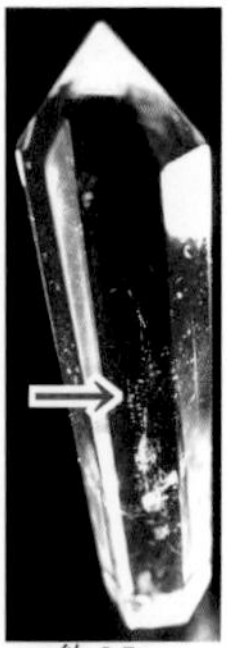
約 8.5cm

ブルーじゃなくてピンクというのがかわいくて、つい集めてしまう。

インターフェレンス（成長干渉水晶）

約 5cm

ほかの鉱物に成長を阻まれても、ここまでなんとか育った。それを思うと……涙。

3cm 前後

カレイドスコープ（万華鏡）

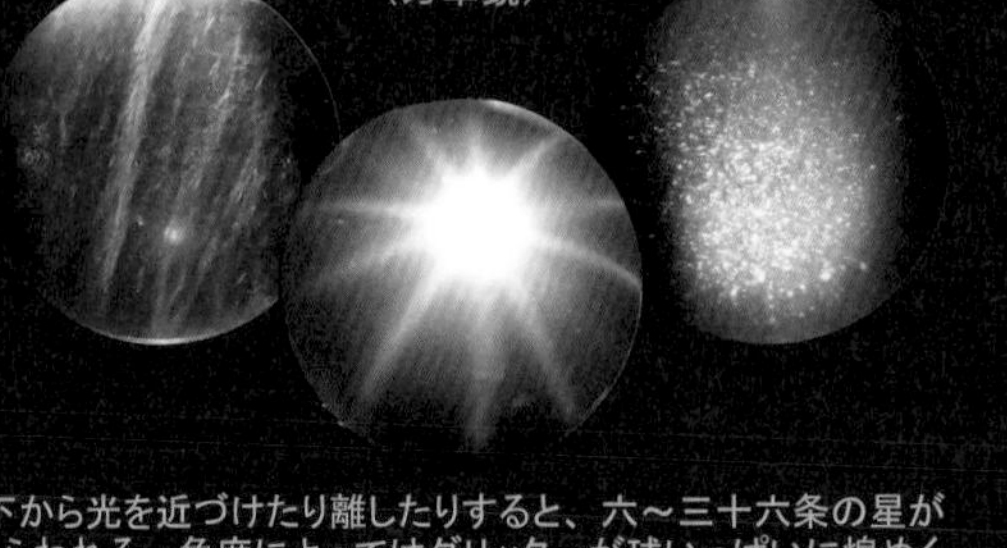

下から光を近づけたり離したりすると、六〜三十六条の星があらわれる。角度によってはグリッターが球いっぱいに煌めく。

ファントム入り

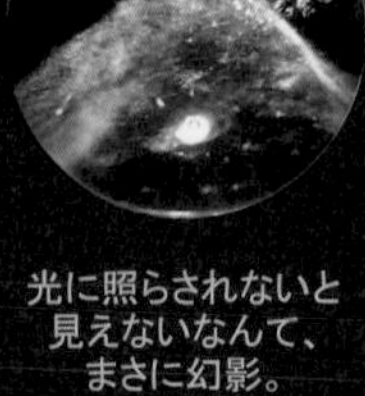

光に照らされないと見えないなんて、まさに幻影。

カラーレス フローライト入り

UV ライトを当てるとフローライトが強蛍光して浮かび上がる。

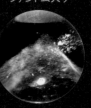

曲がり水晶

成長過程で何かに
邪魔され……それでも
ぐんぐん伸びようとした
水晶たちの姿。

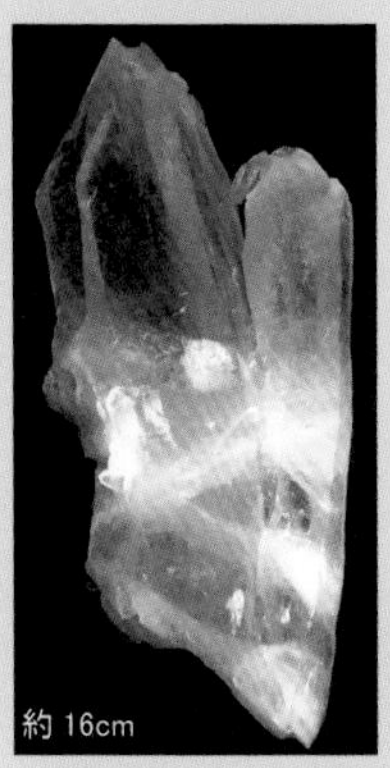
約 16cm

2ヵ所で曲がって、
3段階になっている。

約 6.5cm

ひび割れた指を曲げたような。

約 16cm

曲がるどころか、
折れちゃって、
折れたところは再結晶し、
小さな結晶が並んでいる。

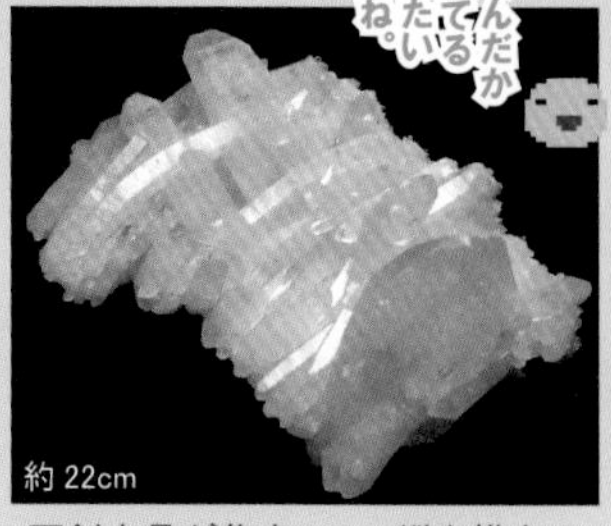
約 22cm

なんだか寝ているみたいだね。

両剣水晶が集まって、縦糸横糸の
織物のようにしなっていておもしろい。

斜めの条線？

約 10cm

……に見える水晶ポイント。斜めに成長したみたいで不思議なかんじ。（実際は違う）

一度成長が止まったものの上に再結晶したものを見つけると、ああ、がんばったんだなぁってじーん と しちゃう。

アイリス
（虹入り）

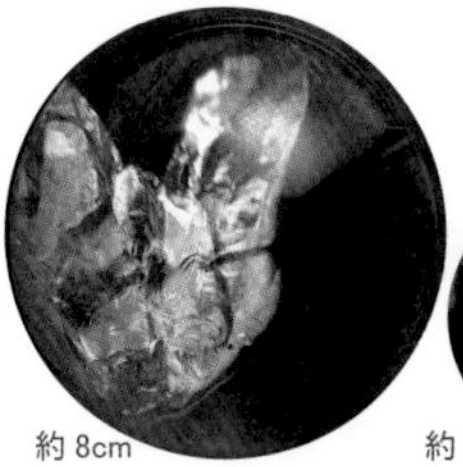
約 8cm

羽を広げたアゲハ蝶か、はたまた、妖精のような虹。

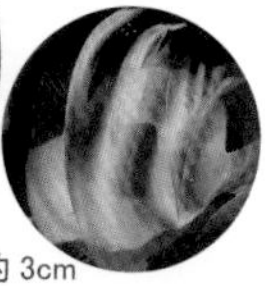
約 3cm

全面に広がる虹。

クォーツ in クォーツ（貫入水晶）

水晶が水晶に閉じ込められている風景に、なぜか心を奪われる…

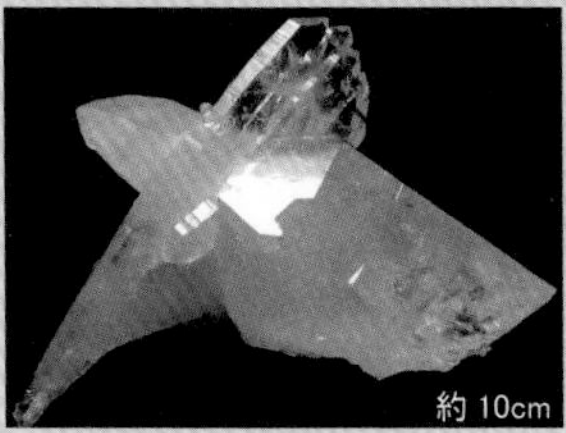
約 10cm

太いポイントを平手チョップ。
ファーデン水晶が
飲み込まれている状態。

ごろんっ、と
大きな両剣水晶が
飲み込まれて
いるんだよ。

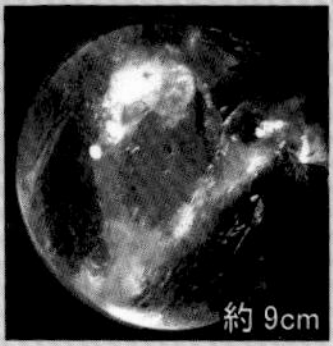
約 9cm

成長中の水晶の、時が止められた状態と考えたら……切ない！

極太ポイントに、極太ポイントが飛び込んで見えるよ。

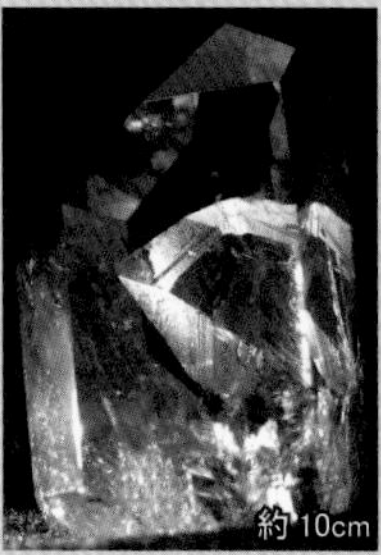
約 10cm

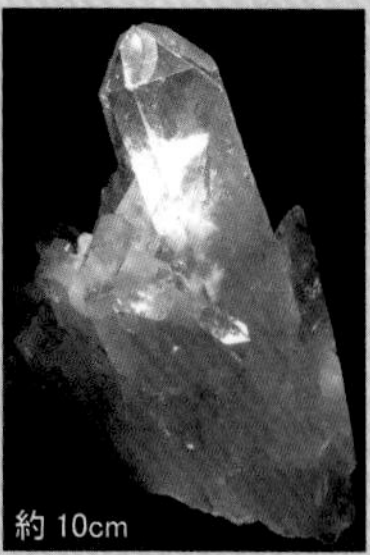
約 10cm

寄り添うツインの真ん中に頭を突っ込んでいる、勇気あるヤツ。

ボクが気づいた現象なので、勝手にこう呼んでいる。

水晶……これでも、コレクションの、ほんの一部らしい。

まじ？

「ツクヨミ ブルー」

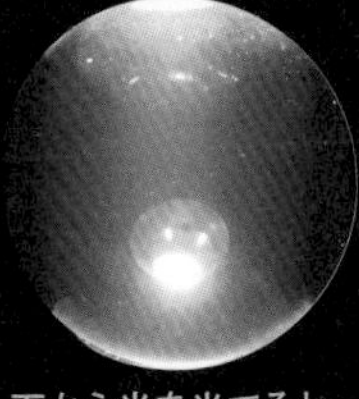

下から光を当てると、
全体が青で満たされ、
まるで、青い月。

「アマテラス グリッター」

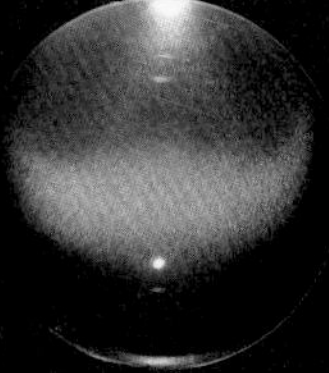

粉のように細かい
光の粒が、天から降り
注ぐように舞い広がる。

「スサノオ ファントム」

いろんな角度から
多重ファントムが、
嵐のようにあらわれる。

「お宝の球」（スタークォーツ）

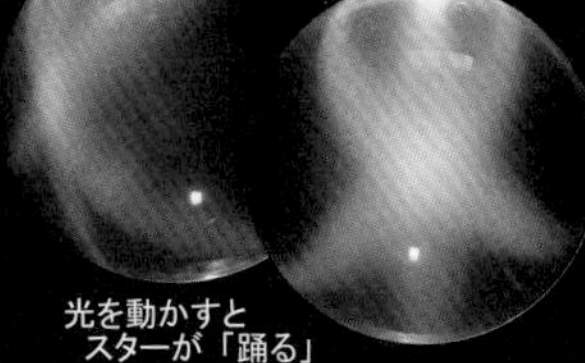

光を動かすと
スターが「踊る」

透明度が高い水晶なのに、スターが
あらわれる（＝内包物がある）
というのが、「お宝」の所以。

カラーレス アメシストの世界

本来、紫色を発しているはずなのに、いろんな要因で、透明のまま成長してしまった、変種のアメシスト。
その、まれな存在の彼らに……いじらしさ、けなげさを感じる。

いいよねぇ、カラーレス アメシスト♥

は、はぁ…

（色あるほうがよくない？）

まわりが 瑪瑙の「天然ランプ」

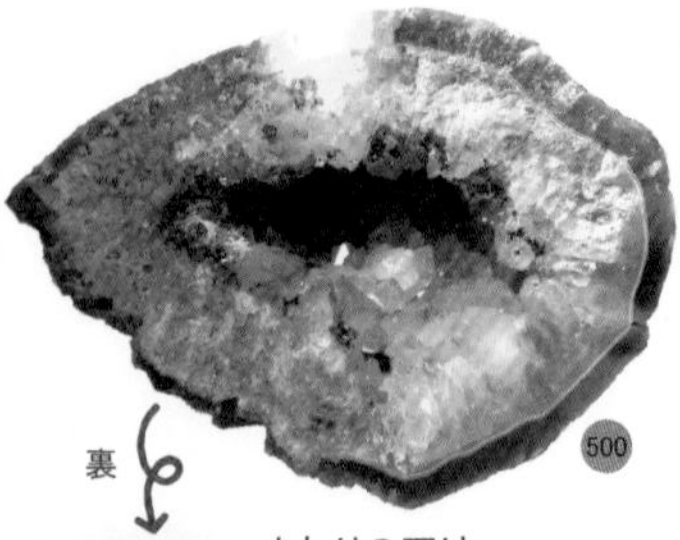

中を覗くと、狭い空間にカラーレス アメシストの小さな結晶がたくさん。

裏

まわりの石は
瑪瑙（半透明）なので、
光を当てると透けてキレイ。

ずっと見ててても飽きないよね～

約 31cm

ところどころ、うっすらと
「紫」を感じるけど、
全体的には、やはり透明。

…っていうのが ニクイよね～

←ドーム→

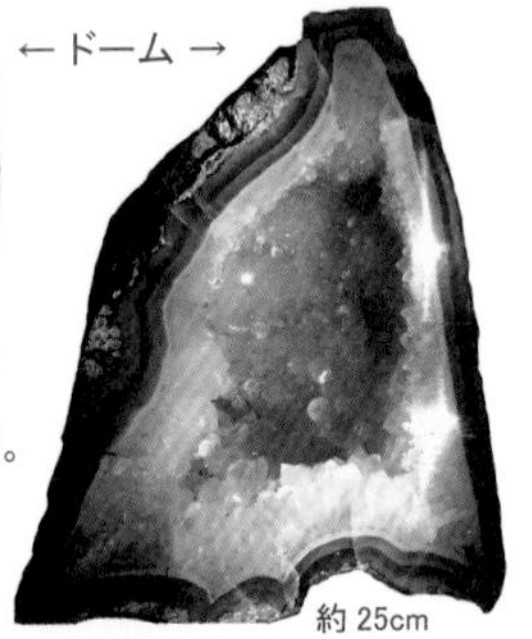

約 25cm

水晶ドームのように見えるけど、これも、カラーレス アメシスト。

…ってのがまた いいよね～

「2階建ての洞窟」

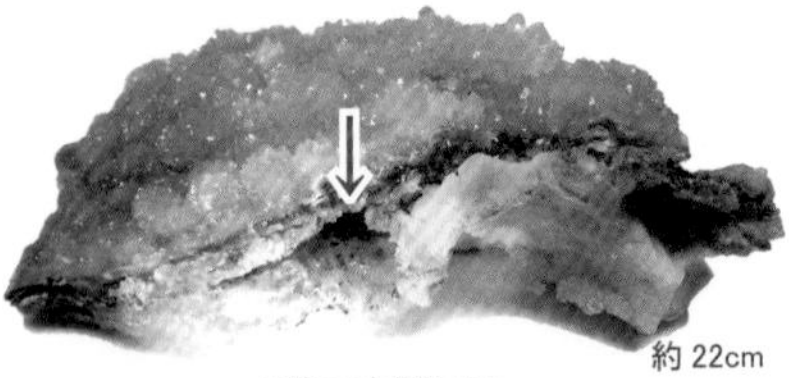

約 22cm

1階の玄関には、
シャンデリア（水晶の花）が飾られています～

「カリフラワー型」クラスター

約 15cm

パッと見、水晶クラスターなのに、
じつは、白いアメシスト。 **…っていうのがたまらないよねぇ。**

約 9cm　　約 8cm

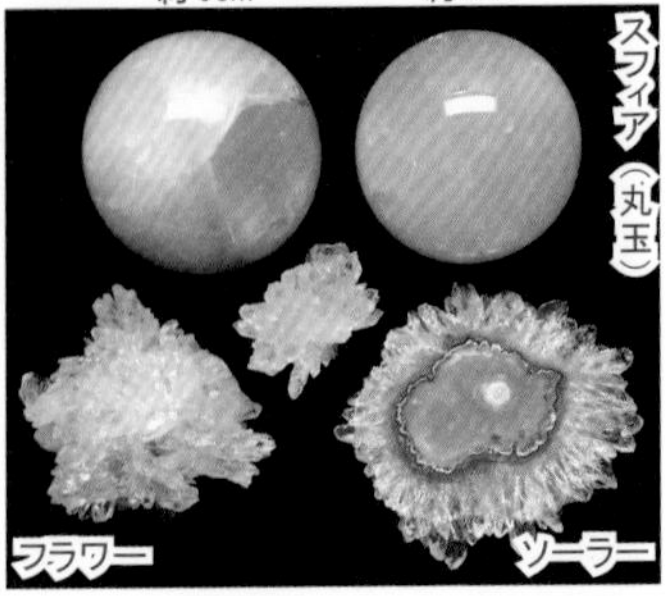

これらも一見、普通の水晶玉、普通の水晶の花……なのに、正体はアメシスト。

…ってところが 魅力ポイント♥

結局よく わからな かったけど… とにかく カラーレス アメシストが 好きってことは わかった。

脇に、カルサイトの「アパート」

拡大

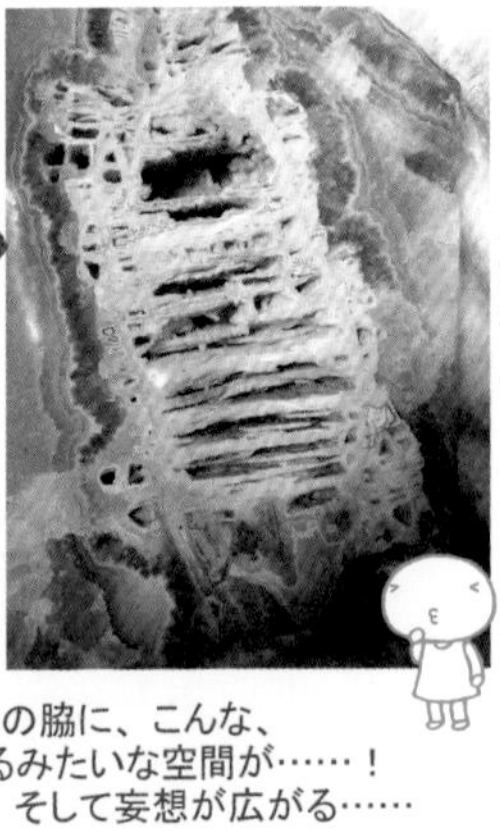

まるで、ビルの断面のよう。

ちょっと ぞわっ

巨大な結晶の脇に、こんな、
まるで人が住んでるみたいな空間が……！
自然の造形に感動、そして妄想が広がる……

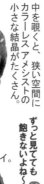

地味？……じつは、すごい石

次に紹介するのは、一見地味なんだけど、
とても珍しい仲間たち。解説と一緒に見てみてね。

ストロマトライト

約 11cm
モロッコ産
ロシア産

地球に酸素をもたらしたとされる
生物の化石。（現生もしてます）

南極の石

約 10cm

成分的にはどこにでもあるものだが、
「南極で採取された」ということが
希少で……感慨深い気分になる石。

本物の
ハウライト

原石
約 4cm

とても流通量が少ない石。
（通常マグネサイトで代用されていて
本物には めったに出会えない）

フルグライト（雷管石）

約 8cm

砂に落雷し、雷が
地中を通ったところが
とけた、その痕跡。
それが今、物体として
ここにあるという奇跡。

シトリンのジャカレーに
ハイアライト オパールが共生

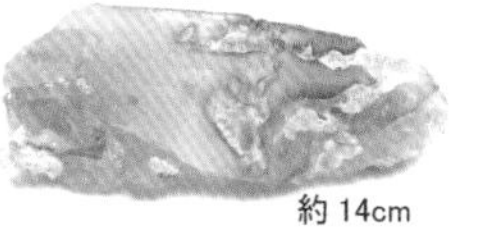
約 14cm

UVライト

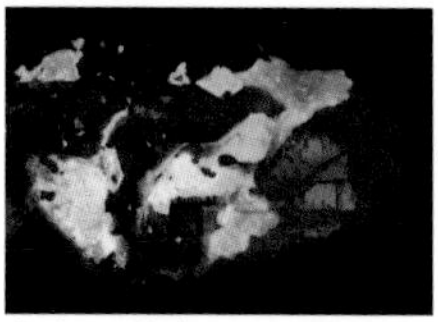

緑色に蛍光しているのが、
オパール。

鈴石♪

なごむ

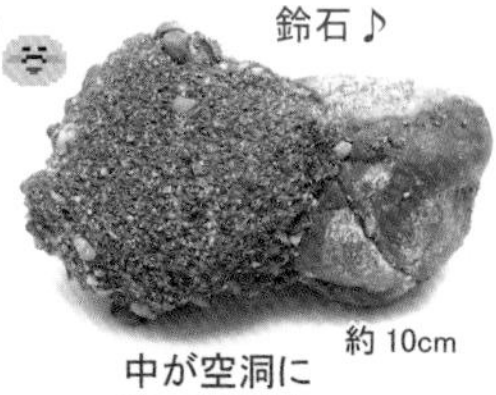
約 10cm

中が空洞に
なっていて、
小石が入っている。
振ると、コトコトと
音がする。

ロマネシュ鉱
（軟マンガン鉱）

モロッコ産
約 16.5cm

よく
わからん…

ゲーサイトと
ドーム状の水晶の上に、
クリプトメレン鉱を
伴ったロマネシュ鉱。

ガネーシュ ヒマール産の
グインデル

約 6.5cm

薄い板状のダブルポイント。
よく見ると、対角線状に
ねじれている。

まだまだ、紹介したい石

プラシオライト（グリーンアメシスト）

約 9cm

見てこの緑色、天然だよ？
天然で、この色だよ！
愛おしいよね♥

そ、そうなんだ…

＊流通しているものはほとんど
過熱して色変化させたもの

とにかく、天然のプラシオライトに出会えるのが、
めったにないこと。神様に感謝！

ブルー アラゴナイト
＋フローライト

約 16cm

青い山珊瑚＊、
きれいだね～

＊こんな形状のアラゴナイトの愛称

裏

＊UVライト当ててます

裏返すと、なんとフローライトが
共生しているという珍しさ。

スター マイカ

約 5cm

双晶が重なって
星の形に。
ひたすらかわいい♥

いろんな鉱物が
共生してるのを見ると、
きゅんとしちゃうよね。

（石さんの
きゅんポイントは、
「再結晶」と
「共生」なんだな）

次の頁に続く←

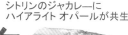

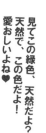

この頁の石はすべて★

デンドリティック・アメシスト

拡大

約 14cm

P86 のような「結晶の割れめに」ではなく、
表面に発生しているのが珍しい。

インディコライト入り水晶

最近このタイプは出回ってないね。

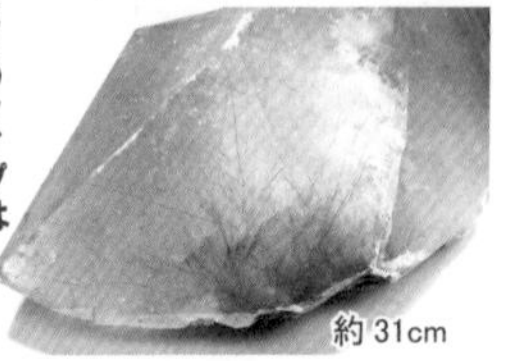

約 31cm

ブルールチルは本来、
このインディコライトのことをいう。

デンドリティック建材

約 15cm

廃材の中から偶然見つけたスレート板。

スーパーセブンのクラスター

拡大

約 20cm

マダガスカル産。これも最近は、あまり出回ってない。

「光る宝石箱」

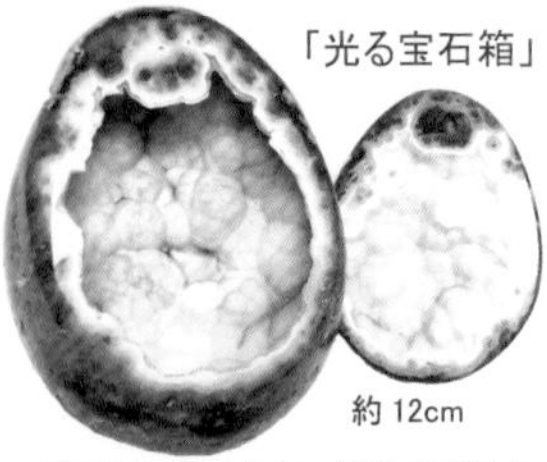

約 12cm

瑪瑙の器の中に（フタの裏も）
緑色に蛍光する、もこもこ鉱物。
（自然光では淡い水色、それも美しい）

スペサルティンガーネット

約 2.5cm

トランプの J（ジャック）がお祈りしてるみたいに見える。

いろんなガーネットの原石

直径約 5cm のロードライトガーネット

直径約 5.5cm のグリーンガーネット

40 種くらいあるガーネット。どれも魅力的だけど、
とくに、ごろんとした原石を見つけると、
「よくぞここまで育った」と、愛でたくなる。

バライト クラスター

約 18cm

水晶とバライトの共生。
バライトの透明感ある微妙な色、
結晶の形……美しい♥

琥珀の中に、虫？の卵

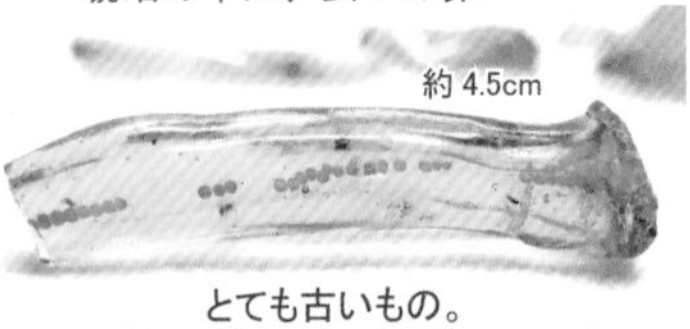

約 4.5cm

とても古いもの。
丸い粒々が怖い人は閲覧チューイ。

もう遅い…

トパーズ in トパーズ

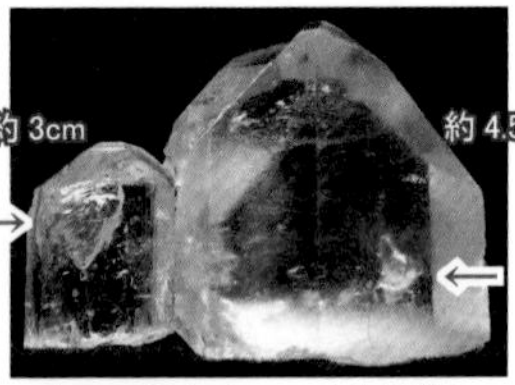

約 3cm

約 4.5cm

クォーツ in クォーツと同様、
ただこの現象に心惹かれる…

燐灰ウラン

約 2.5cm

UV ライト

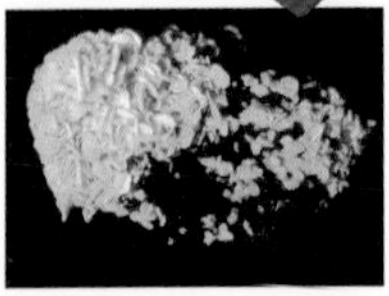

触れても問題のないウランなんだけど、ちょっとキケンなものを持ってる感がうれしい。

うれしい？

ツインスターローズクォーツ

激レアですっ

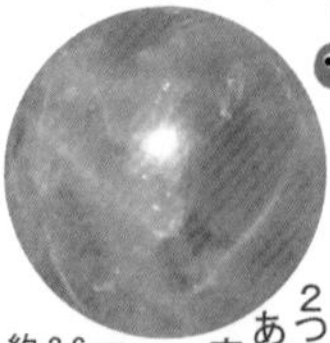

約 3.6cm

2つのスターがあらわれるが、交わらない。

メタモルフォーゼス

約 13cm

オーロベルディ

約 10cm

あまりに変わってしまう様が魅力的なの。

メタモルフォーゼス（ミルキークォーツ）に
ガンマ線を照射し加熱すると、オーロベルディになる。

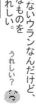

個性的な宝石たち

きっと誰もが「すごい！」「きれい！」と感じる石。なかでも、唯一無二の、個性的なものをご紹介。

ターコイズ

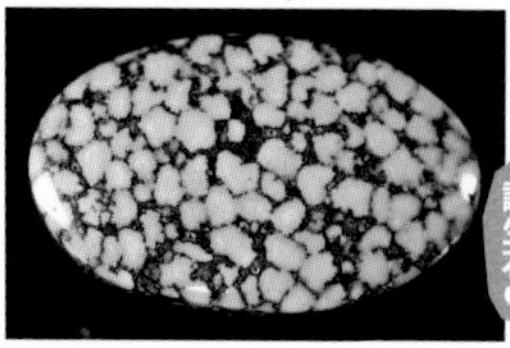

12月の誕生石♥

スカイブルーに、マトリックス（母岩）がネット状に細かく入っていて美しい。USA キングマン鉱山産。

カラフルな色、美しいグラデ、そして強い光沢感がたまらない！

リディコータイト トルマリン

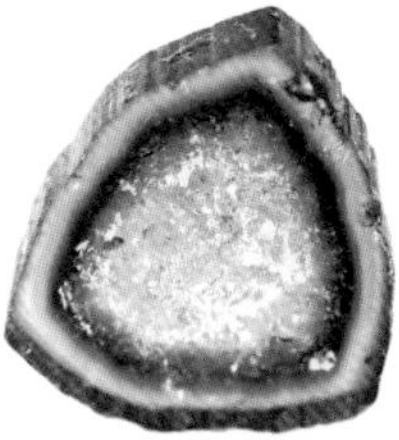

1970 年代、マダガスカルで発見されたもの。

バイカラー サファイア原石

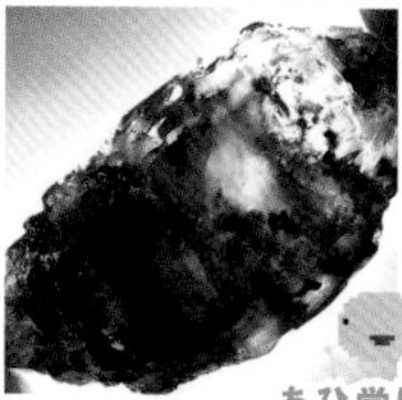

サファイアにいろんな色があるのは学んだけど、ひと粒に2色っていうのもあるんだね！

↓ P27

3色以上になるものもあるんだって。

デュモルチェライト入り水晶

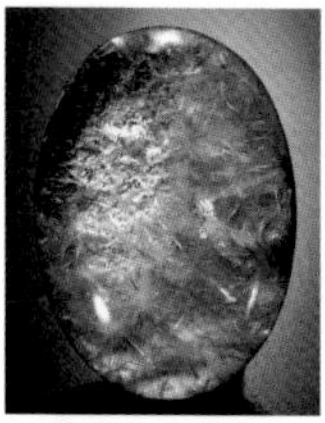

透明な水晶を、デュモルチェライトが青く染めています。

ユニーク瑪瑙

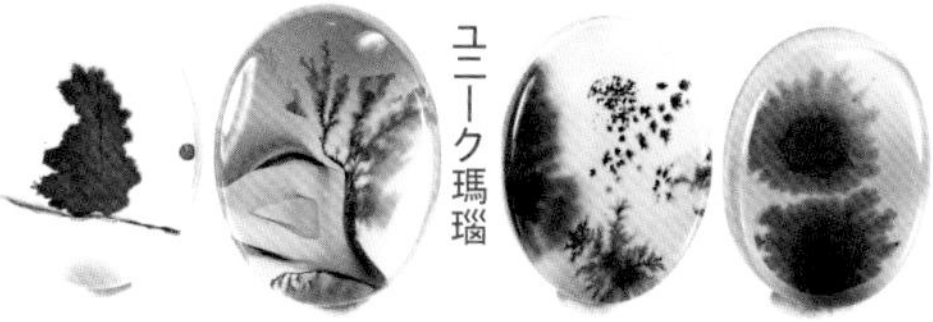

瑪瑙に、鉄分などが入り込み、成長することで、個性豊かな表情を見せてくれます。まるで植物を閉じ込めたみたい。

ペリドット リリーパッド

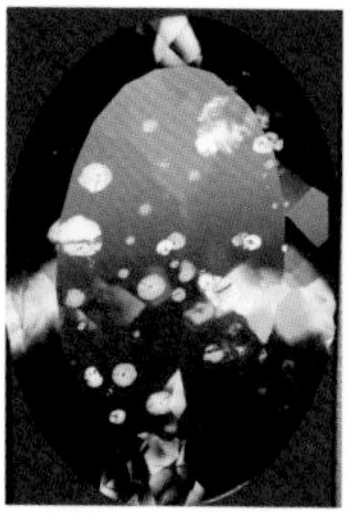

リリーパッド（蓮の葉）と呼ばれる、円盤状の内包物が入ったもの。

ホワイトダイヤモンド

シルクをまとったような優しい雰囲気の中に、ダイヤ特有のファイアと閃光がほとばしる！

グランディディエライト

これだけ透明なものは希少なのだとか。

すっごく魅力的な青だよね。どの宝石とも違う独特の……

オレゴン サンストーン

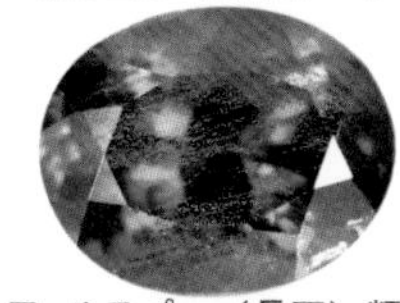

フェルスパー（長石）類。細かい銅の内包物により、ラメのように輝きます。

トラピッチェ エメラルド

極めて産出量の少ない、希少なエメラルド。トラピッチェは、スペイン語で「歯車」。

アンデシン ラブラドライト

ムーンストーンと同じ、フェルスパー（長石）類に属する宝石。光を当てると、表面に虹の光を見せます。

はー、堪能した〜

役に立つとか以前に、石そのもの、存在そのものが魅力的なんだってこと、あらためて感じたよ。

レインボー スカポライト

本来は茶色が多い鉱物ですが、磁鉄鉱（黒い繊維状内包物）が入ると、強い光を当てた時、緑〜青色の虹があらわれます。

ラリマー（ブルーペクトライト）

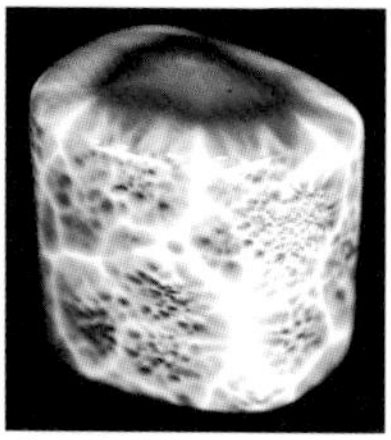

ドミニカ共和国で採れる青が美しい宝石。カリブ海の風景を切り取ったよう。

レインボー クロム トルマリン

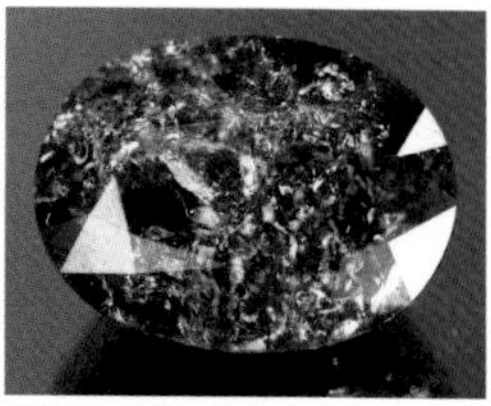

細かいクラックと内包物により光が乱反射し、深い緑色の中に神秘的な虹が出現！

その8

町なかで見つかる石

さて、そろそろまた、
石に会いに出かけようか。

行こう行こう。

今度は どこの川？

うーん、そうだな、
まず……東京駅？

……は？

そこから、銀座に向かうか、
皇居方面に向かうか……

そんなところで
石が拾えるの？

拾うんじゃなくて、
町なかで使われている石を
探す旅だよ。

いろいろな種類の石を見るのに最適な場所は……
じつはここ、都会の真ん中なのさ。

町なかで見ることができるのは、どんな石？

石材名でいうと、
屋外に使われるのは御影石、……
屋内は大理石が多いかな。

岩石名だと
花崗岩（火成岩の深成岩）
石灰岩（堆積岩）
結晶質石灰岩（変成岩）
ざっくりだけど
↓
P18を見てね

見ためだけじゃなく、石の性質も大切なんだよ。たとえば大理石は酸や水に弱いから、屋外には適さない……とか。

なるほどー

さあ、東京駅に着いたよ。

東京駅っていうと「赤レンガ」じゃないの？

いやいや、たくさんの石が使われてるんだよー

たとえば、外側だけでも、屋根はスレート（粘板岩）、腰壁や柱は花崗岩……

1階の「帯形」と呼ばれる部分

あれ、この修復部分、石……？人工的なかんじも……

説明書きがある。「擬石（ぎせき）」花崗岩の粉・石灰・セメントを混ぜたものを左官仕上げで…こんな技法もあるんだね。

さあ、内部も見てみよう。

丸の内南口と北口で、使われている大理石がビミョーに違うので、比べてみよう。

わぁ、この床、錯視みたいな模様。

大理石の種類が多くて見本帳みたい。

ほかにも、壁や柱などに、いろんな種類の石が使われているよ。

南口のこの柱、キラキラして人工物っぽく見えるけど、なんと、火成岩に分類される石なんだよ。

←ルーペで観察中

肌色っぽい柱は、エジプト産の大理石。化石探しが楽しいよ。

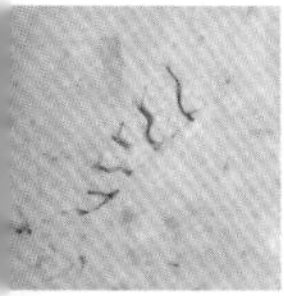

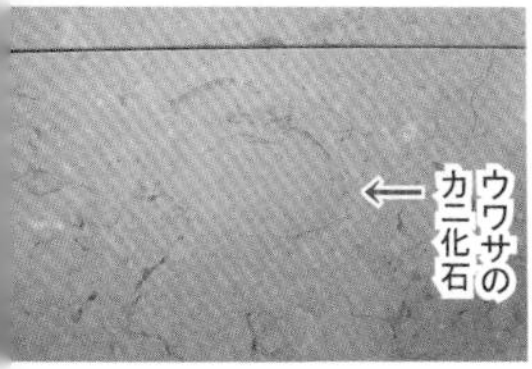

⟸ ウワサのカニ化石

よく見ると化石があるよ。

これ、そうかなあ？白っぽいの。

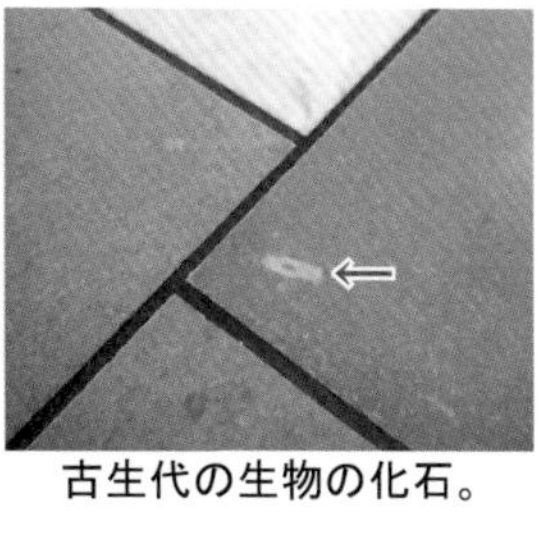

古生代の生物の化石。

←ウミユリの茎っぽい

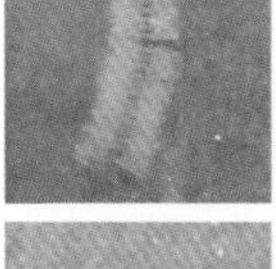

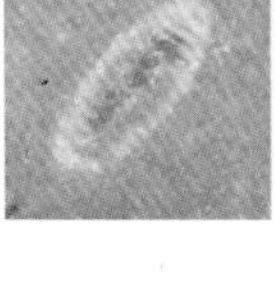

コーヒーをこぼしたシミ…みたいなのもあったけど、あれも化石だったのかな？

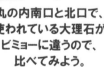

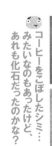

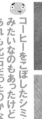

ちょっと町に出て、石を探そう〜

あるホテル前の道。

あ、この横断歩道、石のキューブでつくられてる！

ポルトガルの石畳と似てる。
↓
P119

白いところは、白い石をうまく利用してるね。

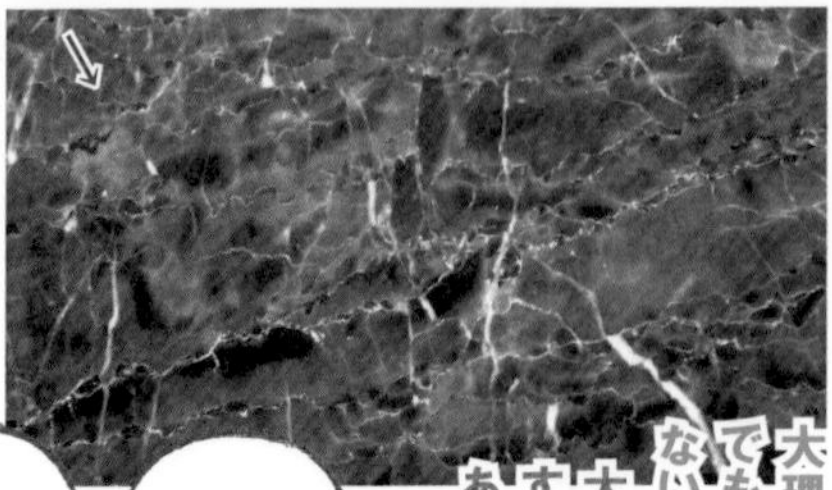

ホテルの外壁。

これ、きっと大理石だよね。でも見たことないかんじだな。大理石って、すごい種類があるんだろうな…

血みたいな赤色が入ってる…

日本橋髙島屋の壁や柱。

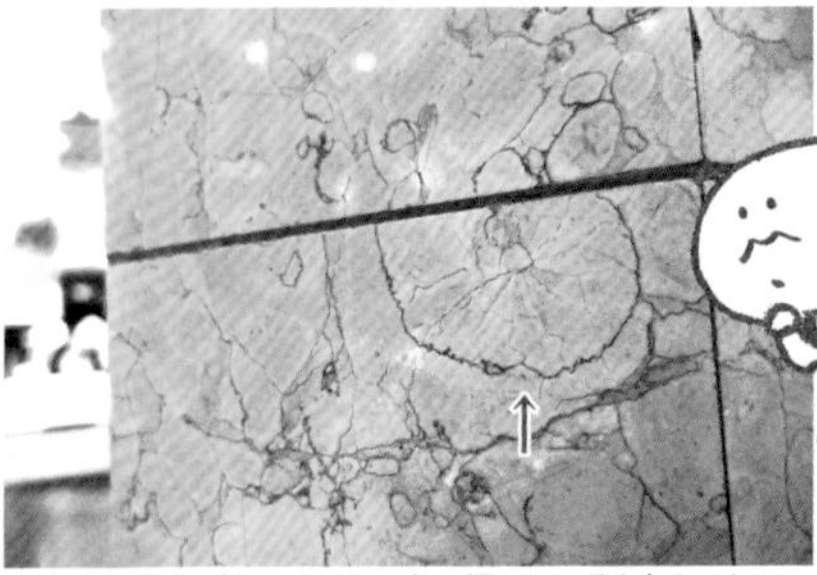

案内の矢印が無いところでも、探してみるとあちこちに…

！

化石発見。

あっ、この点字ブロック、*花崗岩でできてないか!?

*視覚障害者誘導用ブロック

ほんとだ！さすが東京駅前。

歩いた感触も違うのかな。

この建物の花崗岩、細工がしてあるよ！

ふりふりレースみたい♥

銀座の歩道、花崗岩の石畳。

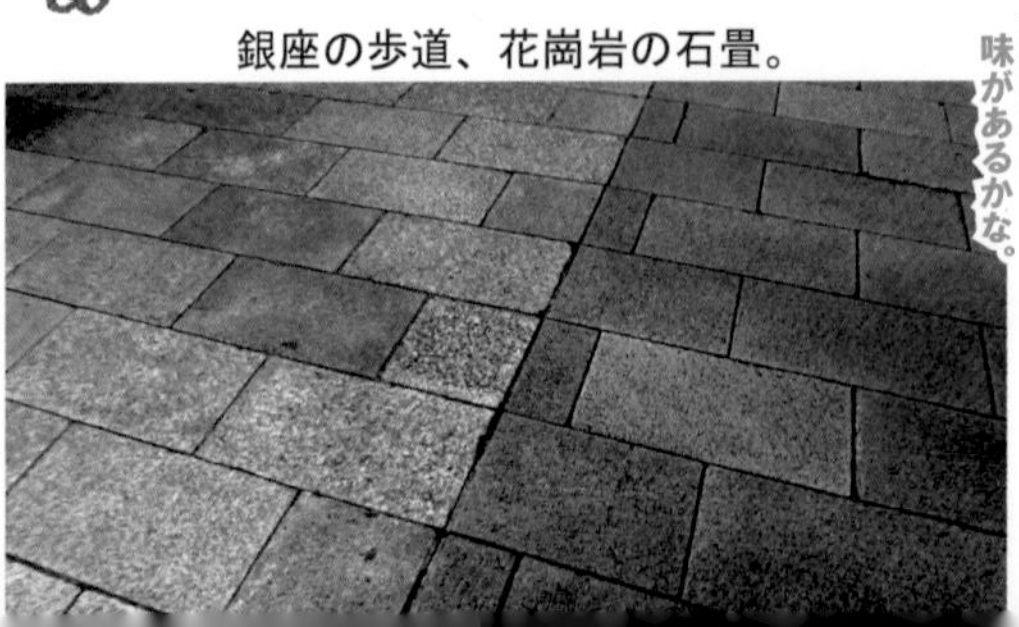

右と左で時代が違うのかな。

左のほうが味があるかな。

ピンク、オレンジ、黄色系、白にグレーに青っぽいの……花崗岩といってもいろいろあるね。

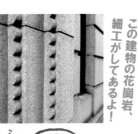

丸の内仲通りの石畳は「斑岩」。

色と形が様々ですてきだね。

「その3」では、身のまわりにある「鉱物」を見てきたけど、今回の町なかは、「岩石」だらけだね。

↓
P43～

うん。で、岩石といっても大理石など立派な石、ね。

しかし……町に、こんなに石があるなんて、今まで意識してなかったよ。全然見えてなかった～

うん。……でもさ、町や建物を、「高級感あるね」とか「なんか安っぽいな」……なんて感じてたのって、そこに使われてる「石」などの素材を、じつは、無意識に見てたんじゃないかって思った。

なるほど……ちゃんと石を「見てた」のか！

さ、もうちょっと歩いてみよう。

これ花崗岩だよね。石碑？
上は地図になってるね。
「永田町一丁目１番」だって！

何気なく公園に入っていくと……

…ん？
なんだろ、この建物。
「日本水準原点」？
水準測量の基準点だって。

水晶、花崗岩、岩盤……

「鉱物」と「岩石」、めっちゃ活躍してるじゃん！

↓

日本水準原点の零目盛りは、温度変化の影響を受けにくい水晶板に刻まれており、丈夫な花崗岩台石にはめ込まれ、固い岩盤まで達する約10ｍの基礎に支えられています。

門の外から見ても、なんとなく花崗岩の質感がわかる

国会議事堂まで来ちゃった～

この建物、たしか、日本のいろんな地域の石材を使って建てられてるんだよね。

えーと、外装には３種類の花崗岩、内装には33種の大理石と２種の蛇紋石、珊瑚石灰岩、橄欖岩、日華石……だって！

すご……
あらためてゆっくり見に来よ～

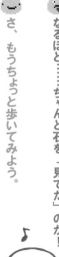

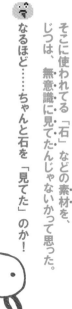

町なかに「石」……、思ったよりも使われていたね。

うん。でも、ほとんど、西洋風の建物に、だよね。
やっぱり、和風だと「木」なのかなぁ……

あのね……「日本庭園」に行ってごらん。

うわ、石！

青石（結晶片岩）

そっか、庭石か！

赤玉石（チャート）

敷石ね～

花崗岩

灯篭も石だ～

花崗岩

石、いっぱいあるじゃん！

な。

日本は木造家屋が主だから、石はそんなに使われてないと思ってたけど…

逆に、家屋「以外」のところに石を使いまくってないか？

庭に大きな石を飾ったり、玄関のたたきとか、庭に砂利を敷いたり……

海外もこういう文化あるのかな…

これ全部、わざわざ遠くから運んできてるわけじゃん？

沢（磯）渡り石

青石（結晶片岩）ほか

石橋

粘板岩

雨の日はちょっと滑りそう…

まだあった…「日本」の石。

層塔

花崗岩

水鉢

花崗岩

井筒

花崗岩

石へのあこがれというか……木造の反動か？ってくらいに。

あるいは、この庭園の場合だと、元お金持ちのお屋敷らしいから、「オレ、こんな巨石を運ばせるくらい権力あるよ」自慢？

＊名石で有名な、清澄庭園（都立文化財庭園のひとつ）に行きました

そういえば、皇居のまわりも歩いたね。

お堀の石垣も美しかったけど、桜田門の石が迫力あったね～♥

まず石の大きさ！
そして緻密さ！

外桜田門の渡櫓門

何の石か知りたい欲求が、むくむくと湧いてくる。

石垣

さらに石の種類！
パッチワークのように
いろんな石を並べてるよね。
これも、各藩から
巨石を運ばせた自慢？
だとしても、美しいからいいか。

形や色が
バラバラなのを、
逆にデザインとして
効果的に使ってる
気がする。

ねぇこれ
花崗岩
かな？
直径1m

この丸み……もしかして、座ることも意識したデザイン？（違ってたらスミマセン）

この石って……「バリケード」だよね。

あ、そうだね！　巨石だから、相当な防御力
だと思うけど、威圧感がまったく無い……
ココにふさわしいデザインだね。

さて……地元へ戻ってきたよ。
次は、現代の暮らしに
石が使われているかを探してみよ～

石…石……

無いか……

Shirayuki

あ！
表札が花崗岩！
玄関アプローチ
の敷石！
玉砂利も。
石彫りの人形（笑）

小さいけど、
探すといろいろあるね。

「大きな石は使えないけど
どこか一ヵ所にでも
「石」を使いたい」
無意識にも、そんな気持ちの
表れなのかもしれないね。

日本庭園と
通ずるものがあるね。

……ん？

民家に
立派な巨石！
これはもしや
庭園で見た
「青石」では⁉

塀にも石が使われているし。
大きな石を使っているおうちもあるんだね。

んじゃ、もう少し歩いてみよっか。

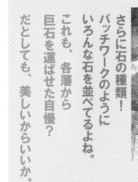

……あ、神社だ♡

日本は、民家どころか
神社やお寺でさえ、
「木造」だよね。

なんでだろ？

うーん、石の建物が
日本の気候に合わない？

湿気？
寒暖差？

重くて、
つくるのが大変とか。

地震？

それとも単純に
木が好き？

遷宮って文化も
あるし…

で、やっぱり、
建物以外のものには
「石」が多く使われてるよね。
庭園と同様。

ほんとだ。
鳥居、狛犬、手水舎……

なんでだろ？

あ、お墓も。

うーん……
もしかして
石製と木製、両方あったけど、
石製しか後世に残ってないから、
……とか？

長い年月で
燃えたり朽ちたり…

案外そんなとこ？

ただ「石」の仏像は少ないんだよね。
アジア諸国では多いのに…

だいたい
木、金属、漆、粘土…

石に仏を彫るって、
自然だと思うけど、
不思議だな……*

アユタヤの石仏。

あれ？でも、お地蔵様や
磨崖仏などは「石」だよね。
……屋外の仏像は石製とか？

道祖神、羅漢像なんかも

あ、そうだね……
このへん、深く調べたら
おもしろそうだね。

＊一説では、制作に適した石（大理石や砂岩など）が乏しかったとか。
でも、木で仏を彫ることが修行のようにも思えるし、そういう文化ってことなのかな…

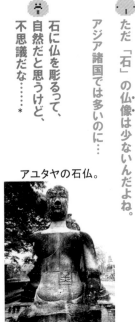

そういえば、そもそも、ご神体が「巨石」だったりするよね。

あ、そうじゃん！
しめ縄つけてたり、神社の奥に鎮座してたり……
昔の人は、「石」を奉って、拝んでたんだね。

「昔の人」だけじゃなくて、現代の人も、だよね。

ん？

パワーストーンと呼んで、石が、お守りのように使われたりしてる。

ほんとだ……
そういうのって、ちょっとアヤシイ……って思ってたけど、「石信仰」って考えたら、昔からの自然な流れなのかもな。

人は、石に、何か不思議なチカラを感じるのかな。

香港、廟の中にある巨石。

「宝石」でもなく、
「役に立つもの」でもなく…

石を
「祈りの対象」にする、
ニンゲンたち。

不思議だ……

ボクたち「石」に
何を感じているのか、
何を求めているのか、
ニンゲンたちよ……

なにか間違えてる人たち

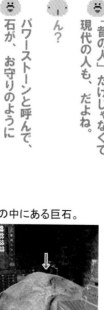

信仰の石として思い出すのは、
タイの博物館で見た、
小さな石コロ。

宝石でもなく、
ちょっとだけきれいな、
でも、ただの石。

それが、
小さなかわいい入れ物に、
大切そうに入っている。

その家を守る石として、
代々、大切に
祀られていたそうだ。

この風習、かわいいよね……

きっと最初は、
その家の誰かが、ただきれいな石を拾ってきた。
それだけだと思う。

うん、きっとそう。
拾わずにいられない。
石コロって、そういうものだもん……

ピッタリサイズの壺は、
石に合わせて
あつらえたんだろう。

真似してみたくなる風習。

ワイヤーに包まれた石もあった。

お守りのように持ち歩いていたのかな？

＊チェンマイにあるランナー郷土史博物館

ある日、村の男が畑で作業をしていたら、
土の中に、小さくてきれいな石を見つけた。
家に帰って、奥さんに見せた。

次の日、奥さんが
その石のために、小さな籠を編んだ。

男がそれを、家の一番高いところに置いた。

それから長い長い年月が流れ……

その家に住む小さな男の子が
天井をふと見上げた時、それを見つけた。
おとうさんはその子に、
これは、おとうさんのおとうさんの、
そのまたおとうさんの時代から、
ずっとこの家を守ってくれている石なんだよ、
と教えた。

その石は、
いつしか、その家の大切な守り石になっていた。

思い返すと……
今まで、旅で
いろんな「石」に
出会ってきたよね……

そうだね……
いちいち「石だなぁ」って、
意識したことはなかったけど、

大自然も、

歴史的建造物も、

ちょっとした町並みも………

考えてみたら
けっこう「石」だった。

その9

旅で出会った石たち

石さん。

いっぱいいろんなことを教えてもらったお礼に、私たちが今まで見てきた世界の「石」を紹介するね。

岩石と鉱物ね。

ど、どーも。

すべて自前の写真です。フィルム写真をスキャンしたりで画質がよくないものもあります。

まずは、大自然編から。一番、ダイナミックだったのは、ハワイ島の溶岩だね。

溶岩を切り裂く、ドライブコース。

July 1974
Lava Flow
この溶岩…
ついこの間まで地下深くにいたマグマなのか…

海↓
パホイホイだっけ？

まだやわらかいのでは？
……と思える見ため。

プナルウ黒砂海岸

ウミガメ
ウミガメ

こちらの海岸では、砂そのものが溶岩由来……で、真っ黒！

白砂のビーチとは違う、こんなワイルドなハワイもあるんだね。

海に迫る溶岩↓
海水で冷えて止まったんだね。

黒光りしてる砂。粒が大きくさらさらで、肌に残らない。

わ、見て！よく見るとペリドットの粒がある！
地球の内部から溶岩と一緒に噴出したんだね。

火山活動は今も続いている……

もく
もく

パホアという町を、2014 年、溶岩流が襲った。
フェンスをすり抜け、住宅街に迫る溶岩。

すごいとこで止まったよね。
怖かっただろうな…

ピラミッドや神殿だけじゃなく、「石」も、エジプト観光のミドコロだよ。

折れそう！

白砂漠

白砂漠の「白」は、石灰岩。
風と砂による浸食で、不思議なオブジェをつくり出した。

クリスタルマウンテン

水晶が山肌に露出していて、つまんでスポッと抜ける状態。
ほとんどが、砂色混じりで半透明な結晶だった。
（透明なものは採り尽くされたのか？それとも半透明なのが、ここの特徴？）

ピラミッドに似た山が、あちこちに。

ガリガリだったよね。
石どうしをぶつけたら、金属音がしたのをおぼえてる。

黒砂漠

「黒」の正体は、玄武岩。
はるか昔の噴火によるもののこと。

噴火？ハワイ島と同じだー

土や植物が無く、ほぼ「岩」の山だったなあ…

シナイ山の「赤」は、花崗岩。
それが、朝日を受けて、さらに燃える。

満月の青い夜から一転、真っ赤な朝に…ドラマチックだったね。

グランド・キャニオン。見えてる範囲で充分に広大だけど……
全長は、なんと 446km（ほぼ東京－京都間）なんだって。

一番古い地層は、20 億年前のものだとか。

あっちの見晴らし台からも見てみよう！

アンテロープ・キャニオン。
水の浸食などでできた
せまーい峡谷。

もろい砂岩だね。
うん。1回の鉄砲水で、簡単に地形が変わっちゃいそう。

モニュメント・バレー。
砂の色は、
濃い赤茶色。

鉄分の多い水が
流れてきて、ここに
堆積したそうだ。

残った部分（モニュメント）は材質が違うのかな。

それが風化や浸食で、
このような「モニュメント」がつくられた。

円盤状に
風化してる箇所も。

台湾

太魯閣《タロコ》渓谷。
大理石の岩盤が、川に削られてできた。

遊歩道を3時間近く歩いたっけ。
ここの石は大理石だったのか。

澎湖島《ポンフー》の柱状節理。* 岩石は玄武岩。
この島自体が、玄武岩から成る、
溶岩台地だそうだ。

自然のものとは
思えない直線。

縦線も
すごいけど、
横の割れめも
規則的〜

＊柱状節理…マグマが冷えかたまる時、縮んで、五角形や六角形の柱状になること

香港

ジオパークの柱状節理。
ここの石は、流紋岩。
石英を多く含んでいるらしい。

こういうのみんな
玄武岩かと思ってた。

ぐにゃっと
曲がってる!

色も、
なんだか
焼けたような…

どんな
ストーリーが
あったんだろ…

モロッコ

メルズーガ。砂漠にポツンと、化石屋さん。

ちっちゃいのもあるよ!
欲しいけど持って帰るの重そうだな…

アンモナイト
→ P64

砂漠のバラ
→ P34

ジオード
→ P88

断崖絶壁は、最大高さ160m、ロッククライミングの聖地だそう。

石灰岩が、川の流れで削られてできた、全長40㎞の、トドラ峡谷。今も浅い川が流れていて、砂漠地域の中、ちょっとしたオアシスになっていた。

水のパワー、どんだけ〜
どんだけ〜
どんだけ〜

タイ

クラビーの魅力は、この変わった形の岩だね。
石灰岩でできてるんだって。

あ、だからあちこちに鍾乳洞があったのか。

白くて四角い石も落ちてたよ。たぶんカルサイト♥

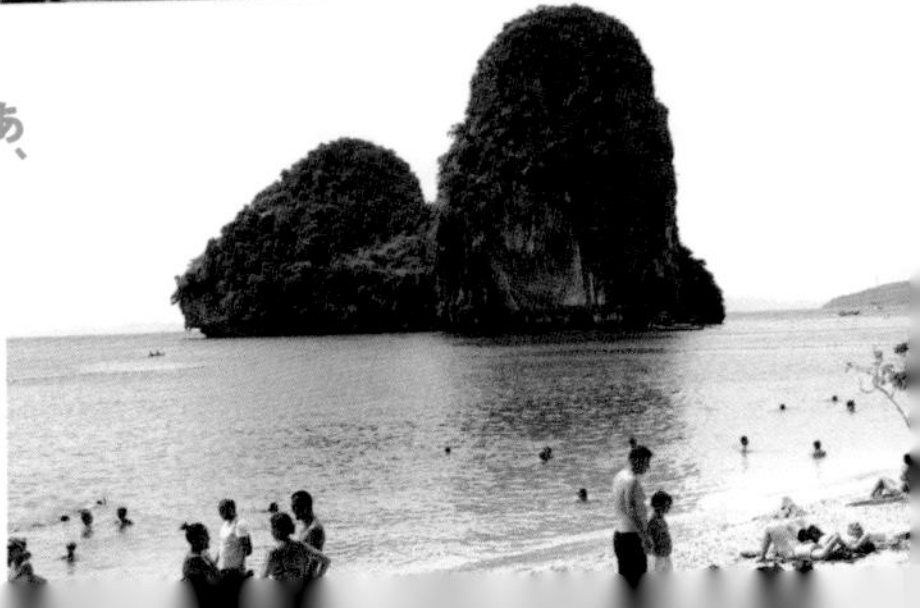

ここからは、ニンゲンが、石でつくったものを紹介するよ。
まずはエジプトから。

ピラミッドは、レンガでできている？
いえいえ、最大高さ149㎝の、巨大な石灰岩で できてます。
平均2・5トンもある石を、200万個以上積んでます。

↖ほかに花崗岩なども

ほんとにどうやって積み上げたんだろうねぇ。

アブ・シンベル神殿は、岩山（砂岩）をくり抜いてつくられたんだって！

神殿などの建物は、石灰岩や砂岩か……どちらも「堆積岩」だね。

ファラオ像などには、花崗岩や玄武岩も使われてるね。これらは……「火成岩」だっけ。

かたそうな花崗岩を、こんなにも滑らかに彫刻する技術、すご……

イシス神殿（トラヤヌス帝のキオスク）

ハトシェプスト女王葬祭殿。
後ろの岩山と一体化してるかのよう。

「自然」と「人工物」だけど、同じ質の岩だから調和するのかな。

土産物はたしかアラバスターが有名だけど…写真を見るといろんな石材を使ってるんだな。

P34 ← アラバスターって彫りやすそうだな。

↑
やってみたい人

石の土産物工房。

ギリシャ

エジプトの神殿に似てるなぁ

エギナ島、アフィア神殿。
アテネのパルテノン神殿より古い！
柱は、石灰岩の一枚岩だそう。

大理石は、石灰岩の変成したものだから…
つまりこれら全部、
つながってるね！

ミロのヴィーナスは白い大理石。

展示されてるのは、ルーヴル美術館

これがパルテノン神殿。
こちらの柱は、大理石だ。

つなぎめがある。

ダルマ落とし
みたい。

イドラ島の民家。
白い壁は「漆喰」。つまり、石灰岩。

ぜーんぶ、
炭酸カルシウム！

イタリア

古代ローマも
石文化かと思いきや、
なんと、「コンクリート」を
使ってたんだって。

といっても
材料は石灰や
火山灰だから、
石っちゃ石？

パンテオンのドーム。ちなみに
古代コンクリートは、鉄筋ナシ。

コロッセオも、ほぼコンクリート製。*

*トラバーチンといわれていることも

しかし
ローマ帝国が
滅亡したあと、
その技術は途絶えてしまい……
なので中世は「石づくり」なんだって。

石づくりの建物は、古くなるほど味が出る。

ローマは、町自体が世界遺産。

下町の住宅は
石づくりだね。

築300年とか、
ザラらしいよ。

ひぇー、長持ち！

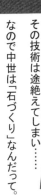

イギリス

路地裏までも統一感がある。

イギリスって
かんじ〜

イギリス、コッツウォルズ地方。
町の建物は、ここでしか採れない
希少な石灰岩でつくられている。
明るい蜂蜜色の石だそうだが、
築年数が上がり、
さらにこの日は
雨が降っていたからか、
暗めで物憂げな雰囲気を
醸し出していた。

ポルトガル

修復しているところに遭遇。
斜めの部分などは、職人が
その場でカットしていました。

これ、平たいタイルかと
思ったら、キューブ型の
石なんだよね。⇒

東京にもあったね。

⇧これは
路面電車
の線路。

リスボンは石畳だらけ。
横断歩道までも！

丘の上の小さな町、
モンサラーシュ。
石畳の石は、リスボンとは違い、
自然な形のまま並べているような
つくりで、味わい深かった。

壁と道が一体化してる
みたいだったよね。

いい雰囲気の町
だったよねぇ。

ポルトガルは、
大理石の産地でもあるね。

うん、採石場も
見に行ったね。

↑写真、撮れてませんでした…

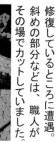

ドイツ

小さめな石を積み上げて
つくられている民家。

なんとなく「木」のイメージがあった、ローテンブルク。写真を見返したらあちこちに「石」が使われていた。

12 世紀頃の石積みだそうだ。

きゅん♥

リューデスハイムの教会。石の色や質感を、模様のように活かしていた。

屋根には石瓦（スレート）も発見。

壁も、
小さな石を積んで
つくられていた。
どうやって固定して
いるのかな。

フランス

POSTE
郵便局かな?

この壁は、丸っこい石をランダムに積んでいる。目地も厚くして、デザインを楽しんでいるようだ。

モン・サン＝ミシェルは、大きな修道院の
イメージばかりあるけど、散歩をすると、
素朴でかわいい石積みの家があちこちに。

これも「見せるデザイン」なのかな。

バルセロナは石の建物だらけ。
載せきれないから、
ガウディ作に絞ってみる！

あるカフェの地下に、
重厚な石づくりの喫茶スペースがあった。
古代ローマ時代の公衆浴場で、
中世には、礼拝堂だったとか。

サグラダ・ファミリアも
「石」でつくられている。
細かい彫刻部分までも。
時間がかかるわけだ……

のぼって
近くで見ると、
つくりがよく
わかるね。

カサ・ミラの外壁、
これはさすがに
コンクリート
なんじゃない？
（凝視……）
いや、これ石だよ！
この曲線、
しっかり石で
つくられてる！
わざわざ石を
曲線に加工して
いるのか……！

グエル公園。これは、石で木を表現してる？
粗削りな石を使っているが、天井はさらに
ワイルドな石が無造作（風に？）積まれてる。

あちこちで、いろんなカタチで「石」に出会えた、台湾。

たしかに。おかげで、一番バラエティに富んだラインナップになりました！

三峡にある、清水厳祖師廟。
柱、壁、天井……あちこち彫刻だらけで圧倒される。
別名、台湾のサグラダ・ファミリアだとか。……納得。

石の産地、花蓮の歩道。

↑柱と、↑天井の飾り。

透かし彫りっていうのかな。とにかく細かい！

この2点、「石」だと思うのですが、違ってたらスミマセン…

澎湖島特産の「文石」。
玄武岩の中の
気体が抜けてできた穴に、
鉱物を含む地下水が流れ込み……
こんな模様ができたんだって。

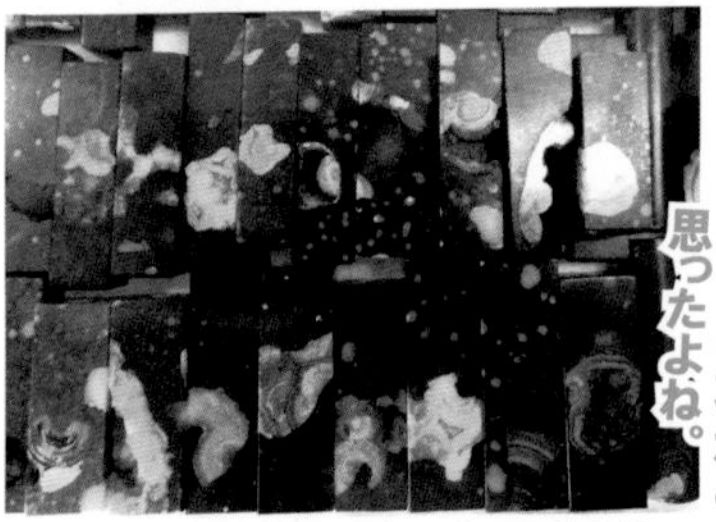

石を選び、ハンコをつくってもらう。

最初、化石かと思ったよね。

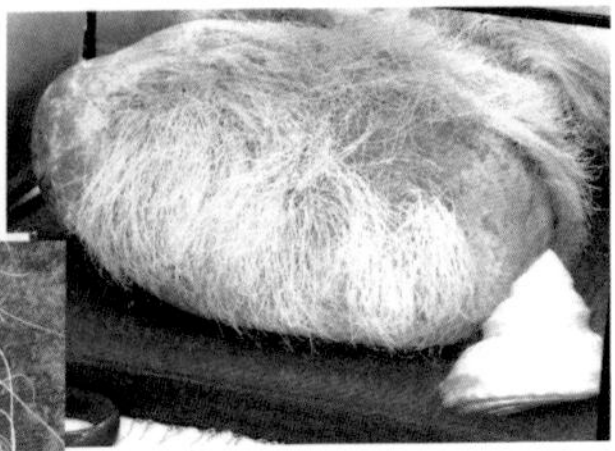

土産物屋に飾られていた、「毛石」。人の白髪のような毛が生えていた。

太い！長い！どう見ても「毛」だよ。

石…ではないけど、珊瑚の彫刻。この丸み、透かしの技術……果てしないな。

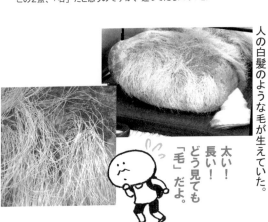

中　国

すごく急な階段。
石かレンガか、ちょっと不明。

この時のメモに、
「このあたりは明の時代に 100 年かけて修復されたそうだ」
と書いてあった。ほんとかな、なんだかとても現代風……

エジプトの宝石

そして、「宝飾品」としての石にも出会ったね。
これら全部、ツタンカーメンさんの所有物。

←これは、ペクトラルと呼ばれる胸飾り。

金の土台に、
石が埋め込まれてる。

象嵌細工という技法。

写真が不鮮明で
細工のすごさが
伝わらないよ～

次また
行けたなら、
「石」を意識して、
見直したいもんだ。

使ってる石は、
ラピスラズリ、
カーネリアン、
ターコイズ、
アメシストなど。
リビアングラスも
使われている。

これ、石を
ヒエログリフの
形に削って
金に埋め込んで
るってこと!?
こ、細かい～!!

んで、
か～わ～
い～い～

＊これらは、ギザの新しい「大エジプト博物館」に展示されると思います

以上、「旅で出会った石たち」でした。

楽しかったよ、ありがとー

告白しますと……
「○○岩です」なんてキャプション付けてますけど、旅している時は、
それがどんな石なのかなんて、気にも留めていませんでした……

ほんとそうだね。でも次の旅からは、その視点でも楽しめそう！

ここに載せる写真を選ぶ時に実感したのは……
ヨーロッパは、町じゅうが「石」でできてるってこと。
どの写真にも「石」が写っているので、絞るのに苦労した。
だからここに紹介したのは、ほんのほんの、一部。
逆に、石を見つけるのに苦労したのが、アジア。
もっとあったのかもしれないけど、
材質が判別できなかったり……

写真が揃わず
ほとんどの国が掲載できず…

遺跡もコンクリート？で
修復しちゃってたり……

アジアの石建築といったら
アンコール・ワットじゃない？

あと、総大理石の
タージ・マハルとか。

あー、たしかに。

私たちが行ってないだけで
いっぱいあるんだね。

柱が大理石の商品見本みたいだった、イタリアの教会。

マカオの町なかに、突然の巨石。

ねえねえ、
「旅で出会った」といえば、
私たちが愛してやまない
「アレ」が、登場してなくない？

「アレ」ね。
ゆっくり語りたいから
次の章、つくっちゃったよ〜

その10

好きです、砂！

360度、「砂」しかない世界、
……砂漠。

海の青との コントラストが たまらない、
……砂浜。

どちらも、
果てしなく広大な景色。

……かと思えば、
ルーペで拡大してみると、まさかの世界が広がって……

大きくても小さくても
魅力的……

あぁ、すばらしき砂！

（何この人たち……）

結局……「砂」って何なんだっけ？ 岩石と鉱物でいうと、どっち？

どっちも、だね。

どっちもって？

つまり、サイズの問題なの。岩石や鉱物が長い歳月で砕かれて、2ミリ以下になったのが……「砂」。

あ、そういうことなのか。

さらに細かいと、砂じゃなく「泥」になるよ。

え、「泥」も「砂」も、大きさを示す言葉なのか。

反対に、砂より大きいのは、「礫（れき）」というよ。わかりやすくいえば、「小石」。

え、ちょっと待って、最初から教えて。頭、整理したい〜

礫（小石）　握りこぶしくらい 〜 2mm

礫もまた、大きさで細分化されてますが、ここでは省略

砂　2mm 〜 1/16mm ＝ 0.0625mm

- 2mm 〜 1mm　**極粗粒**
- 1mm ＝ 1000μm 〜 1/2mm　**粗粒**
- 1/2mm 〜 1/4mm　**中粒**
- 1/4mm ＝ 250μm 〜 1/8mm　**細粒**
- 1/8mm 〜 1/16mm ＝ 62.5μm　**極細粒**

泥　1/16mm 未満

- 1/16mm 〜 1/256mm ≒ 3.9μm　**シルト**
- 1/256mm 未満　**粘土**

ちなみに「砂利」とは小石と砂が混じったもの

これらひっくるめて「砕屑物《さいせつぶつ》」と呼ぶよ。

大きさのイメージがしやすいよう、身近なものと比べてみようっと ↓

グラニュー糖	500μm
白砂糖	300〜200μm
小麦粉	150〜30μm
髪の毛	100〜70μm
粉塵	75μm未満のもの
スギ花粉	40〜30μm
ベビーパウダー	10μm
黄砂	4μm
細菌	5〜1μm
PM2.5	2.5μm
ウイルス	0.1〜0.001μm

＊およそ

「粉塵」も大きさ用語か。75μm未満ということは……「泥」サイズのものが乾いて、そのへんを漂ってるってかんじ？

「土」は？

これら砕屑物に有機物が混ざったものが、土だよ。

そういうことか。大きさの単位じゃないんだね。

「ピーエム2.5」も特定の物質ではなく、粒の大きさを表していたんだね。

火山灰はどのへん？

礫から粘土まで大きさはいろいろだよ。

ウイルスちっちゃ！

「シルト」ってはじめて聞いた。砂より細かく粘土より粗いもの…か。

「粘土」も大きさを表す言葉なのね〜

あ、やっぱりかき氷は砂ってことになるよね？ → しつこい

↓ P52

＊ 1mm ＝ 1000μm（マイクロメートル）

＊大きさの区分は、学問によって異なるみたいです。たとえば「粘土の定義」は、地質学では3.9μm未満、鉱物学では2μm以下、土質力学では5μm……なのでこの表も、ざっくり、目安程度に見てください〜

つまり砂は……ざっくりいうと、
「2ミリ未満の石（でも細かすぎると泥）」ってことでOK？

うん。でも「石」だけじゃなく、
珊瑚や貝殻の破片などを含むこともあるよ。

えっじゃあ、珊瑚のビーチも「砂」っていっていいんだね！
↓ P7、9

たしかに、石由来のものだけを「砂」と呼ぶとしたら、
珊瑚のビーチは、なんて呼んでいいか わかんないもんね。
そもそも、石と珊瑚が混ざってることも多いし。

ちなみに「星の砂」は、*有孔虫の死骸（殻）だよ。

それって、化石ってこと？

どっちもかな。数万年前のもの（化石）と、
現生のものが混在していると思うよ。

あと、前からモヤモヤしてたんだけど……
砂が無くても「砂漠」っていうよね。
エジプトで「岩砂漠」って呼ばれるところがあって、
イメージする砂漠と違って、岩ばっかりだったんだけど……

うん。「砂漠」っていうのは、
「雨も植物も すっごく少ない、砂や岩が多い土地」のこと。
だから「砂」とは限らない。……というかむしろ、
岩石や礫の砂漠のほうが多いんだよ。

英語だとデザート、
不毛な地域という意味。

そっか。砂に限らないのね。

「砂」漠っていう日本語が、混乱のもとだよね。

＊珊瑚・貝殻と同じく、石灰質（炭酸カルシウム）

そうだね。「沙漠」って表記もあるよ。
このほうが、意味がわかるよね。

中国語だと
こっちみたいだね。

どうして？
…あっ、「水が少ない」…か！

日本人が思い描く砂漠は、どっちかというと「砂丘」だね。

英語だと
デューン。

あ、砂丘って言葉もあるか……。その違いって？

砂丘は、風で運ばれた砂がつくった丘だよ。
だからそこが、砂漠の「環境」とは限らない。
たとえば、鳥取にあるのは、
「砂丘」だけど、砂漠じゃない。
でも日本にも一ヵ所だけ、砂漠があるんだよ。
それは……東京……

え、やだ、まさか……

そういうの
いらないです

いや、今想像してるのは違うからね。
都会の ど真ん中……ではなく、伊豆大島。
その三原山の山すそに、砂漠があるよ。

あ、そっち…

教えてもらったところで整理すると……
どうやら私が好きなのは、「砂漠にある砂丘」……だな。
乾いた不毛な土地にある、砂だけで できた丘……

モロッコ、メルズーガのシェビ大砂丘

そう、これが私の好きな「砂」の風景！

何日でも戯れていられるオレンジの波。
砂嵐のあとは、いつもの山が無くなって、新しい景色になってるんだよ。

「見渡す限り、同じ物質」って景色、すごくない？

そして、この砂を観察してみると……

一見「土」にも見える濃いオレンジ。
しかしよく見るとキラキラしてる気も…

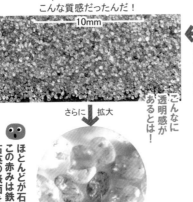

原寸
10mm

拡大してみると……

こんなに透明感があるとは！

小さな発見

こんな質感だったんだ！

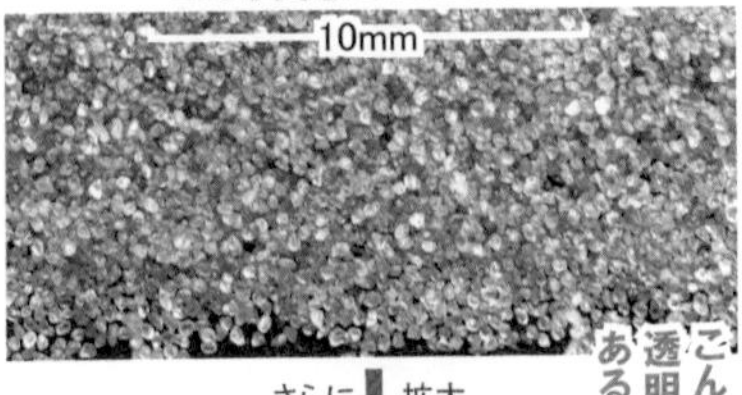

10mm

粒の大きさが均等なことも驚き。サラサラの秘密を見つけた気がする…

さらに拡大

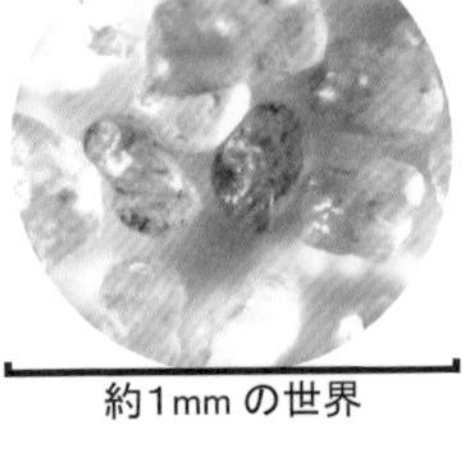

約1mmの世界

ほとんどが石英だね。この赤みは鉄分かな。石英の表面を覆ってるかんじだね。

メルズーガよりも黄色っぽい石英。そして違う鉱物も混じっている。拡大して見てみると、まるで宝石箱。

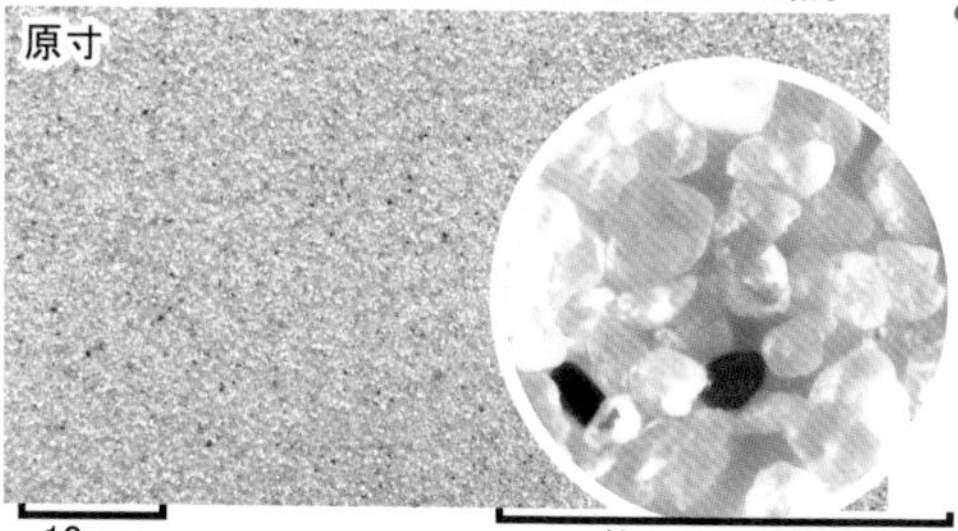
原寸
10mm
約1mm の世界

よく見ると、赤や黒の粒などいろいろ混じってるな……

エジプト、バハレイヤ・オアシスのデューン

明るい砂色で、ちょっと粗め。
ところどころ、石灰岩のカケラが混じっている。

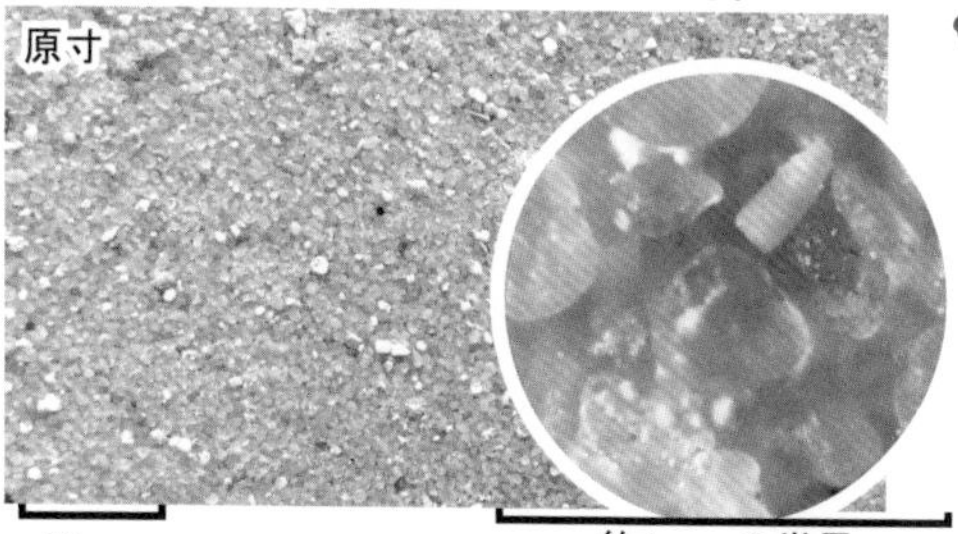
原寸
10mm
約1mm の世界

白くて大きめの粒が多く、ちょっとガリガリ。

エジプト、ファラフラ・オアシス近くの白砂漠

これは石灰岩
↓

砂漠キャンプの思い出。タンクの水で手を洗おうとしたら……

ダメーッ！水は料理に使う！手を洗うのは「砂」！

と怒られた。

砂ぁ？

あの時は「砂で洗ったら、よけい汚れちゃうでしょーが」って思ったけど、日光消毒されまくってる石英なんだから、理に適ってたんだね……

――砂漠の民の知恵である。

小さな発見
あ、サラサラになった……

ちなみに彼らは、皿も鍋も、砂で洗う。

あの頃は、砂と土の違いもわかってなかったな……

な……


メルズーガと同じく、鉄分により赤くなった石英。

粒の大きさは不均等で、細かめ。

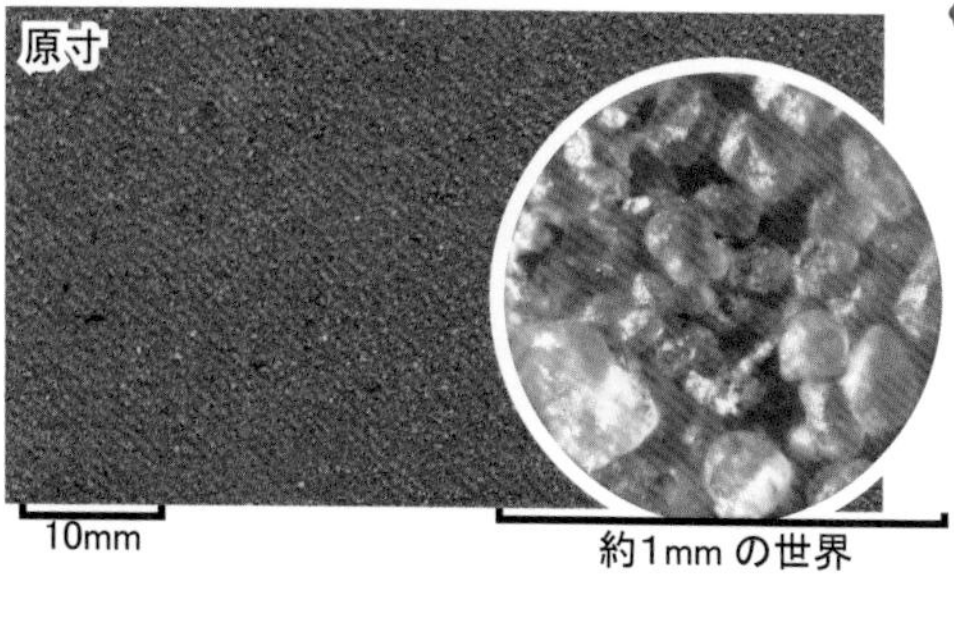
原寸
10mm
約1mm の世界

遠くから見ると、土や粘土のように見えるけど……

USA、ナバホ族の聖地、
モニュメント・バレー

↑ニンゲン

ハワイ、オアフ島のラニカイビーチ。

私の好きな「砂」の風景は……これ！
波が荒い日は
この砂のパウダーが
水の中で舞うから、
ミルキーな
波打ち際になるの。
それもまた、
うっとりポイント。

砂の色が淡いから、海の色も、よりきれいに見えるんだよね。
そして、この砂を観察してみると……

このきめ細かさは、
「小麦粉」に例えられるとか。

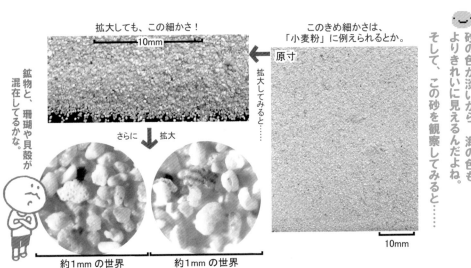

原寸
10mm

拡大してみると……

拡大しても、この細かさ！

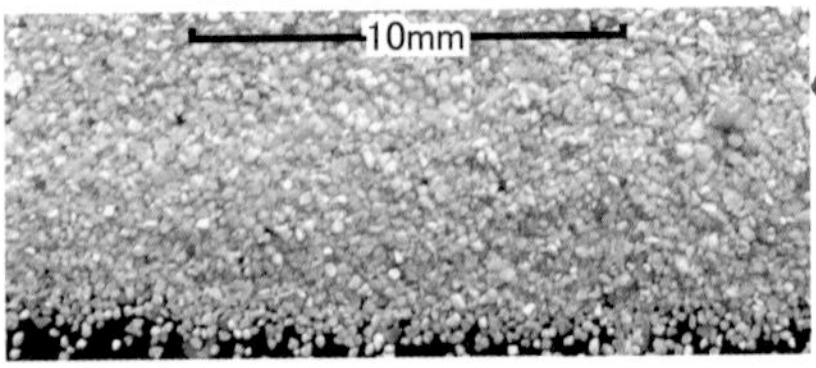

10mm

さらに拡大

約1mmの世界　約1mmの世界

鉱物と、珊瑚や貝殻が
混在してるかな。

こちらは、珊瑚や有孔虫（星の砂）。でも
拾い尽くされたのか、ほとんど星型は見つけられず。

原寸
10mm
10mm

時々、貝殻のカケラが足に当たるかんじ。

沖縄の竹富島

一面まんまるな砂粒の、不思議な浜。（たぶん珊瑚）
こんなの、ほかで見たことないよ……！

原寸
10mm
10mm

浜辺を歩くと、ズボーッ、ズボーッとふくらはぎまで沈む、おもしろ感触！

インドネシア、ロンボク島のタンジュンアン ビーチ

千葉の勝浦

美しい砂浜とはいいがたい…

肉眼で見ると地味な砂……
でも、顕微鏡を覗いた時の落差、
わくわく度は、ダントツ！

あれ？よく見るといろいろ混じってるぞ。

原寸
10mm

ルーペで見ると、決して地味ではなく、
色とりどりの石や貝殻が。中でも、
1ミリ以下なのに完璧な形をした巻貝を
発見してからは、「宝探し」にハマる。

選りすぐったもの

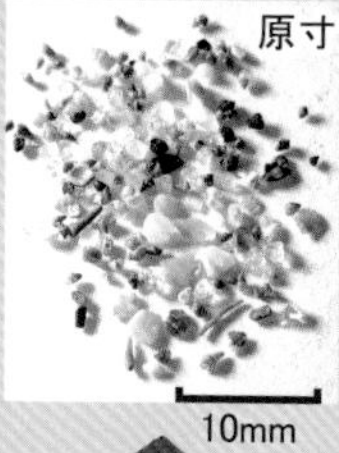
原寸
10mm

拡大

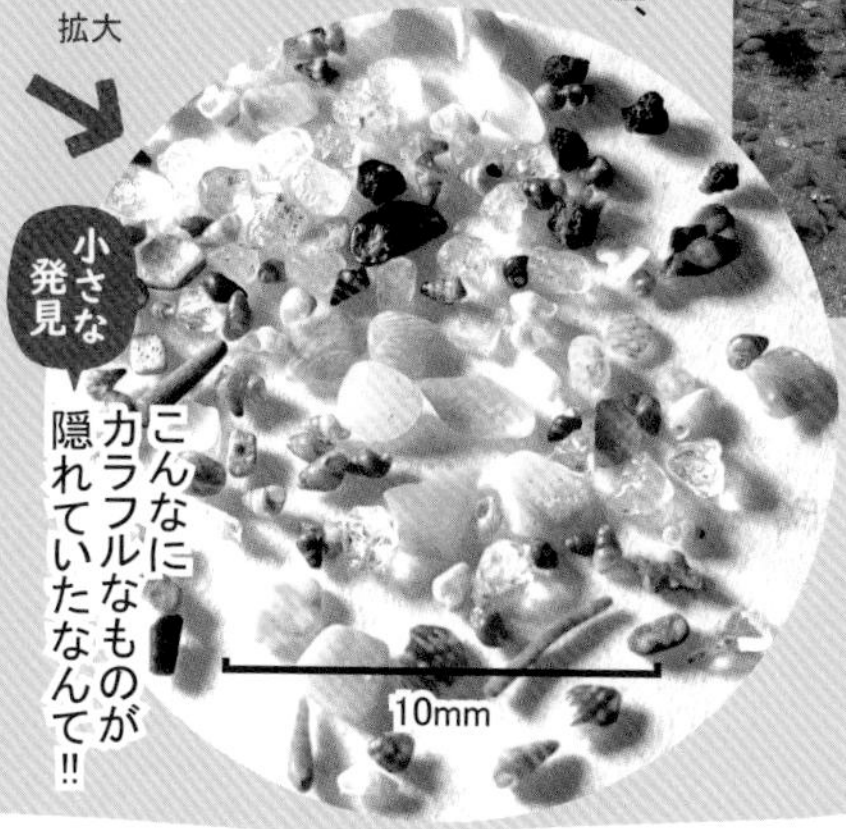
10mm

小さな発見

こんなにカラフルなものが隠れていたなんて!!

近くの浜の砂を観察してみると、新しい発見があるかもよ～

貝と石を分けてみたい♥

かわいい珊瑚♥
透明な石！
完璧な巻貝！

砂を拡大して観察してみると、
砂も「石」なんだなぁって……、

ほんと、小さいだけで、まったく石！

それも、細かいから、
ほとんどが、「岩石」じゃなくて
ひと粒＝ひとつの「鉱物」だね。

小さな発見

拡大すると「石」だ
とっても「宝石」だ～

砂の「色」の印象って、これらが
混ざり合ったものだったんだね。

うん、くすんだ印象だったり
一見灰色っぽい砂浜も……
ひと粒ひと粒を見ると、
そんな色の粒、無いんだよ！

小さな発見

いろいろなものが
混じっての
灰色なんだから、
むしろ、
豊かな土地の
証しともいえる！

カラー印刷と同じだねぇ…

え、どういうこと？

たとえば、この石さんの顔、
ルーペで見てみて。灰色は使ってないよ。

←

青、ピンク、黄色、黒
……の粒でできてるよ。
でも遠くから見ると、
それが混じりあって
灰色に見える。
これと似てるなぁって。

（ボクの顔……
カラフルだったんだ…）

横須賀の走水神社

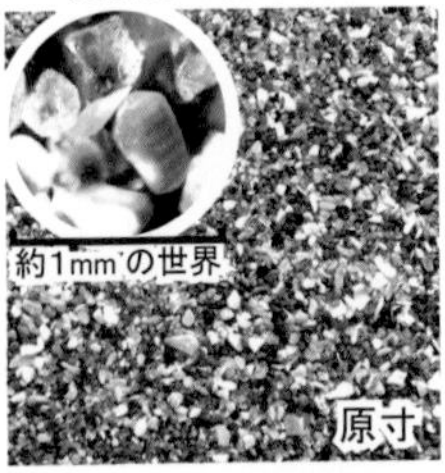
約1mmの世界
原寸

神社でいただける砂。勝浦の砂に似て一見地味だが、バラエティに富んでいた。

エジプト、
シーワ・オアシスのデューン

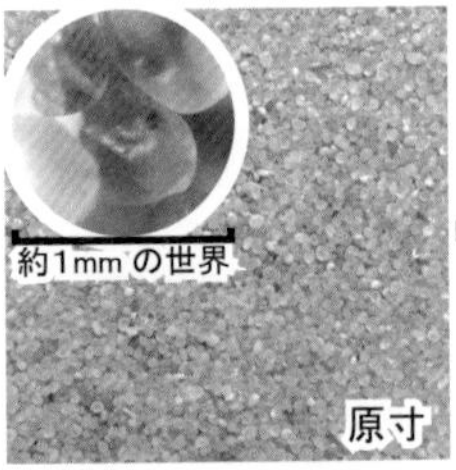
約1mmの世界
原寸

肉眼でもわかる透明感。
そして、まんまるで均等！

拡大

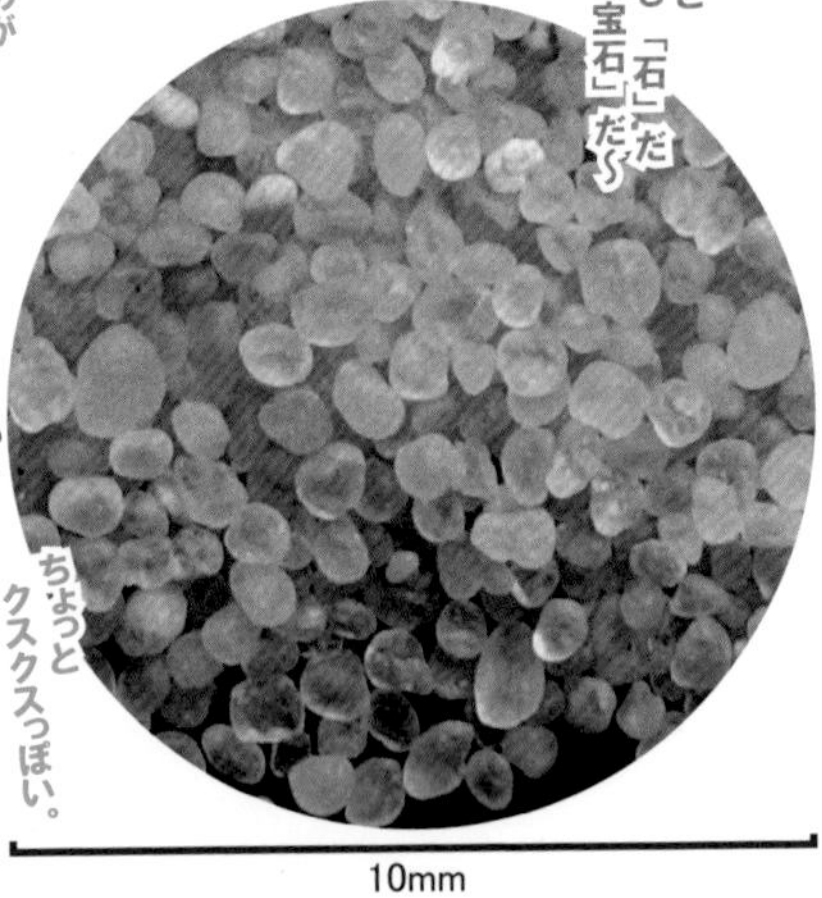
ちょっと
クスクスっぽい。
10mm

白砂＝珊瑚
ってわけじゃ
ないんだな。

小さな発見

ブラジル、
マナウスのアマゾン川

約1mmの世界
原寸

ダントツ細かくて粉っぽい。
シルトの域？ 1mmの中に
いったい何粒あるんだろ？

ブラジル、
リオデジャネイロのビーチ

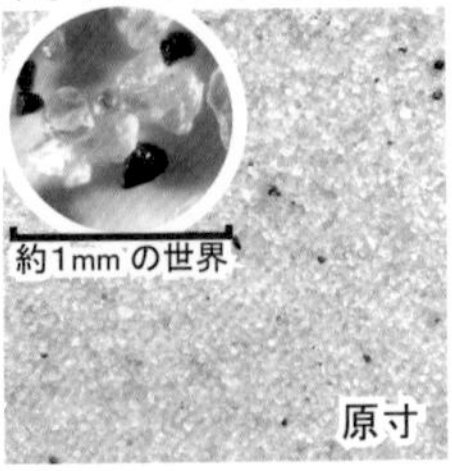
約1mmの世界
原寸

ほぼ透明な石英。
珊瑚の白砂とはまた違う
ガラスの粒のような美しさ。

ブラジル、
レシフェのビーチ

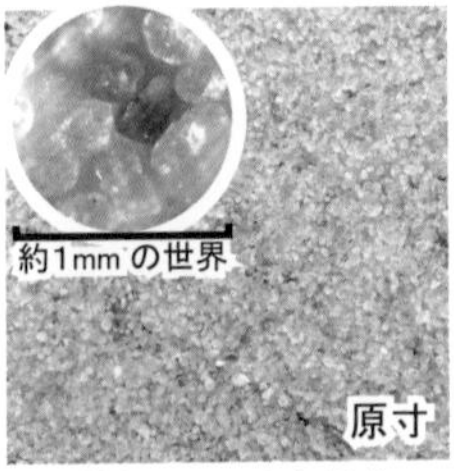
約1mmの世界
原寸

石英と、いろんな鉱物。
砂漠の砂と似てる。

オーストラリア、
ケアンズのビーチ

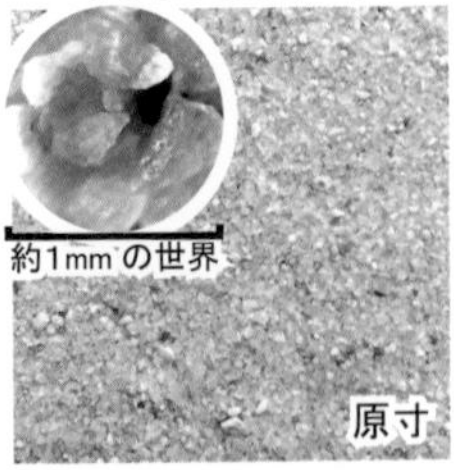
約1mmの世界
原寸

意外にも珊瑚ではなく、
ほぼ、石英などの鉱物。

＊地名表記の詳しさがまちまちでスミマセン（ex. 地名までのもの、ビーチ名まであるもの…）

＊ちなみに、有名なワイキキビーチは、別の場所から砂を持ってきた人工の砂浜なので、ここでは紹介しません

ハワイ、オアフ島 北部のサンセット ビーチ

原寸
10mm
10mm

この浜は高波で有名（サーフィンのメッカ）。
肉眼では、ハナウマ湾と同じ砂に見えたが、
拡大してびっくり。ひと粒ひと粒が、つるんつるん！
波に磨かれたんだ……と感動。

小さな発見

比較

同じ島内で「材質」も「大きさ」も似ている。でも拡大してみると、「形状」が違っていた。

ハワイ、オアフ島 南東部のハナウマ湾

原寸
10mm
10mm

ここは、シュノーケルスポットの静かな湾。
充分さらさらで美しい砂だけど、
拡大してみると、ちょっと尖ったかんじ。

フィリピン、ナルスアン島

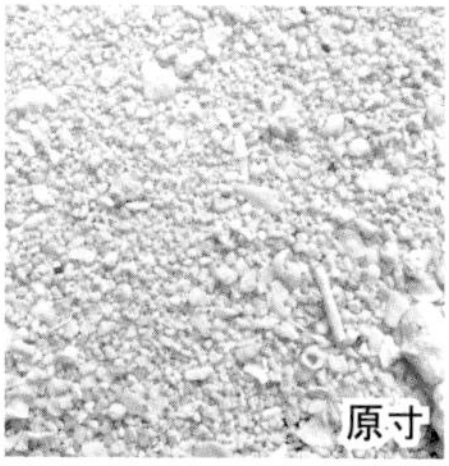
原寸

珊瑚系で、ここまで
色みが１色なのは、
ここだけかも。

沖縄の座間味島の
阿真ビーチ

原寸

黒や茶色い粒も入っていて、
粒の大きさも大小あり。

沖縄の小浜島

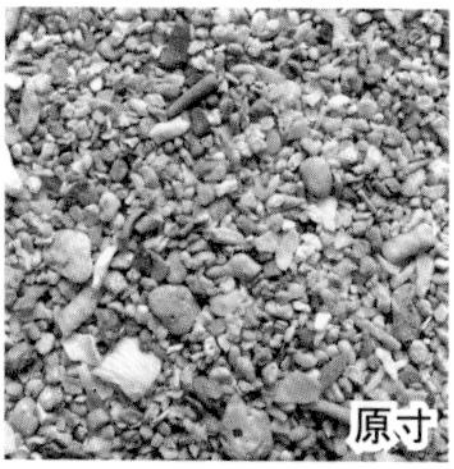
原寸

ほとんど珊瑚と貝殻？粗め。
ミルキーオレンジな粒が
多く、明るい色合い。

愛媛の生口島

原寸

粒々の鉱物と貝殻の混合？
貝殻のカケラが尖っていて、
裸足で歩くと痛かった。

ビーチでも、珊瑚系、鉱物系、混合系…いろいろなんだな。

インドネシア、ロンボク島
マウンビーチ

原寸

ちっちゃい小石が
集まったような砂。
宝探しが楽しそう。

ジャマイカ、
無人島（島名記録なし）

原寸

珊瑚と鉱物？よく見ると
バラエティに富んでいる。

グアム島のイパオビーチ

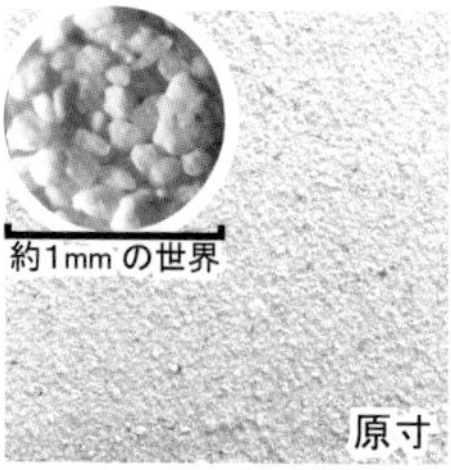
約1mm の世界
原寸

一見ラニカイと似てるけど、
さらに細かく白い。
美しさ、ダントツかも。

グアム島のガンビーチ

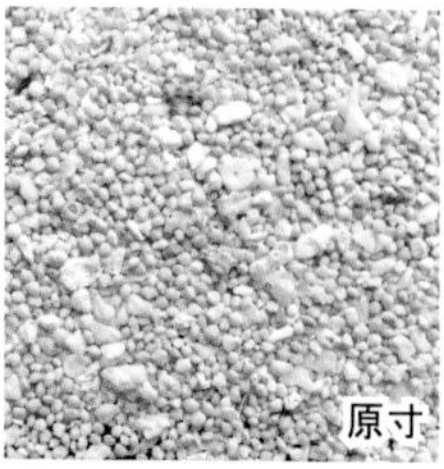
原寸

ピンク系の、ぷっくり珊瑚。
粗めなのに粒が揃ってる
……のが、超かわいい。

＊海岸の砂は場所によって粗さが異なります。（ex. 波打ち際と、砂浜の奥まった部分など）

＊砂は基本、現地で撮影しています

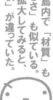

タンザニア、ダルエスサラーム

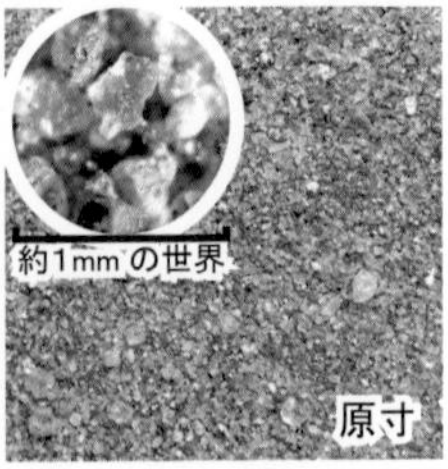
約1mm の世界
原寸

ちょっと土っぽく見える砂。
拡大すると、石英に細かい粒がまとわりついていた。

ベトナム、ダナンのビーチ

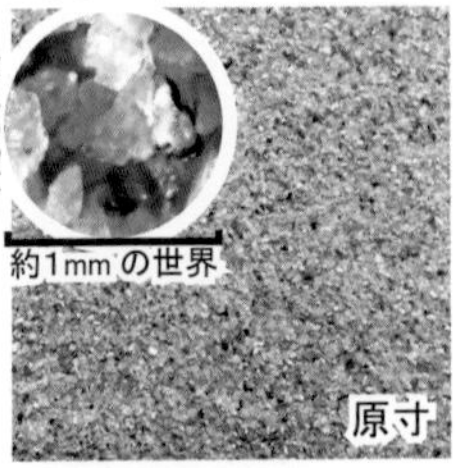
金色の破片
約1mm の世界
原寸

画像ではわからないけど、金色の粒が煌めいていた。
貝殻のカケラかな？

インドネシア、メノ島

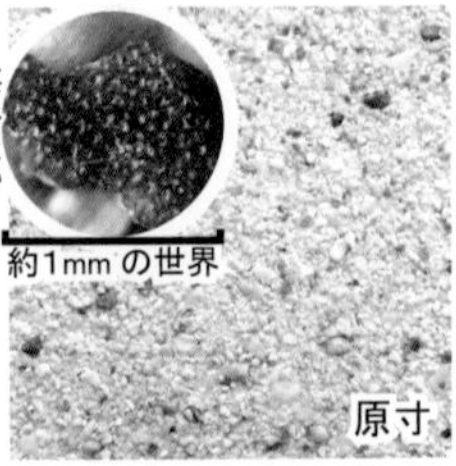
苺みたい
約1mm の世界
原寸

白くて細かい珊瑚の粒に、赤い珊瑚のカケラがアクセント。
……かわいすぎでしょ。

インドネシア、トラワンガン島

原寸

大きくてぷっくりした珊瑚の粒。
←メノ島とは隣なのに、ずいぶん違うんだね。

ねぇねぇ……さっき「ひと粒＝ひとつの鉱物」なんて、いっちゃったけど…
ひと粒の中に、「内包物」があるのを、見つけたんだけど⁉ …何⁉

↓ P132

小さな発見

赤と金の繊維状の内包物がこんな小さな中に…

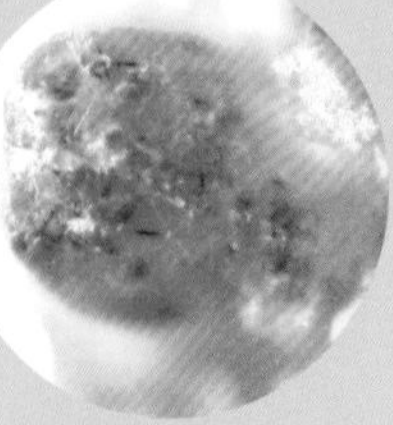
何——っ⁉

（ブラジル、レシフェのビーチ）

0.2mm くらいの砂粒に何かが何十粒も入ってる。

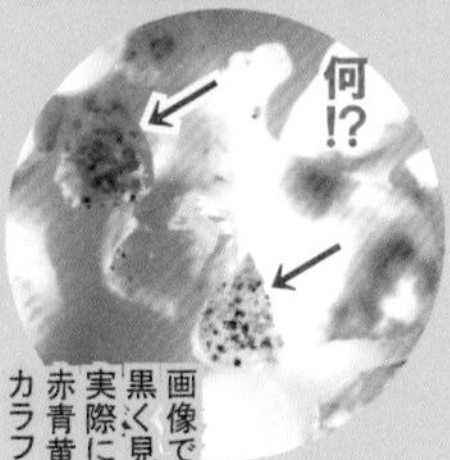
何⁉
画像では黒く見えるけど実際には赤青黄緑…とカラフル！

ピラミッドみたいなのが入ってるぅ！

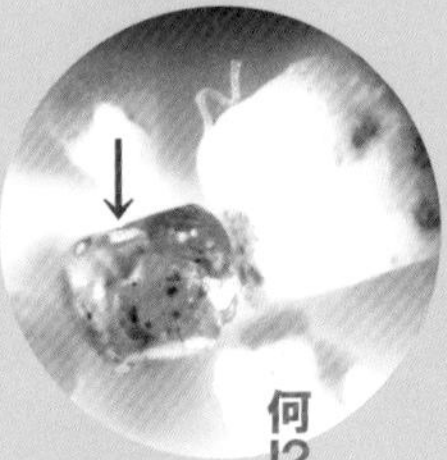
何⁉
約1mm

（ハワイ、サンセットビーチ）

ただ眺めるだけでも楽しいのに、
拡大することで、いろんな気づきがあったね……
だいぶコーフンした。

ここにこうして、砂となっている彼ら……
○万年前は、○億年前は、
どんな形で、どこにいたんだろう。

地球の奥深くにいたのかな。
海にいたこともあるのかな。

きれいな六角柱をした
水晶だったこともあるのかな。

この砂の形になるまでに
どんなストーリーがあったんだろう……

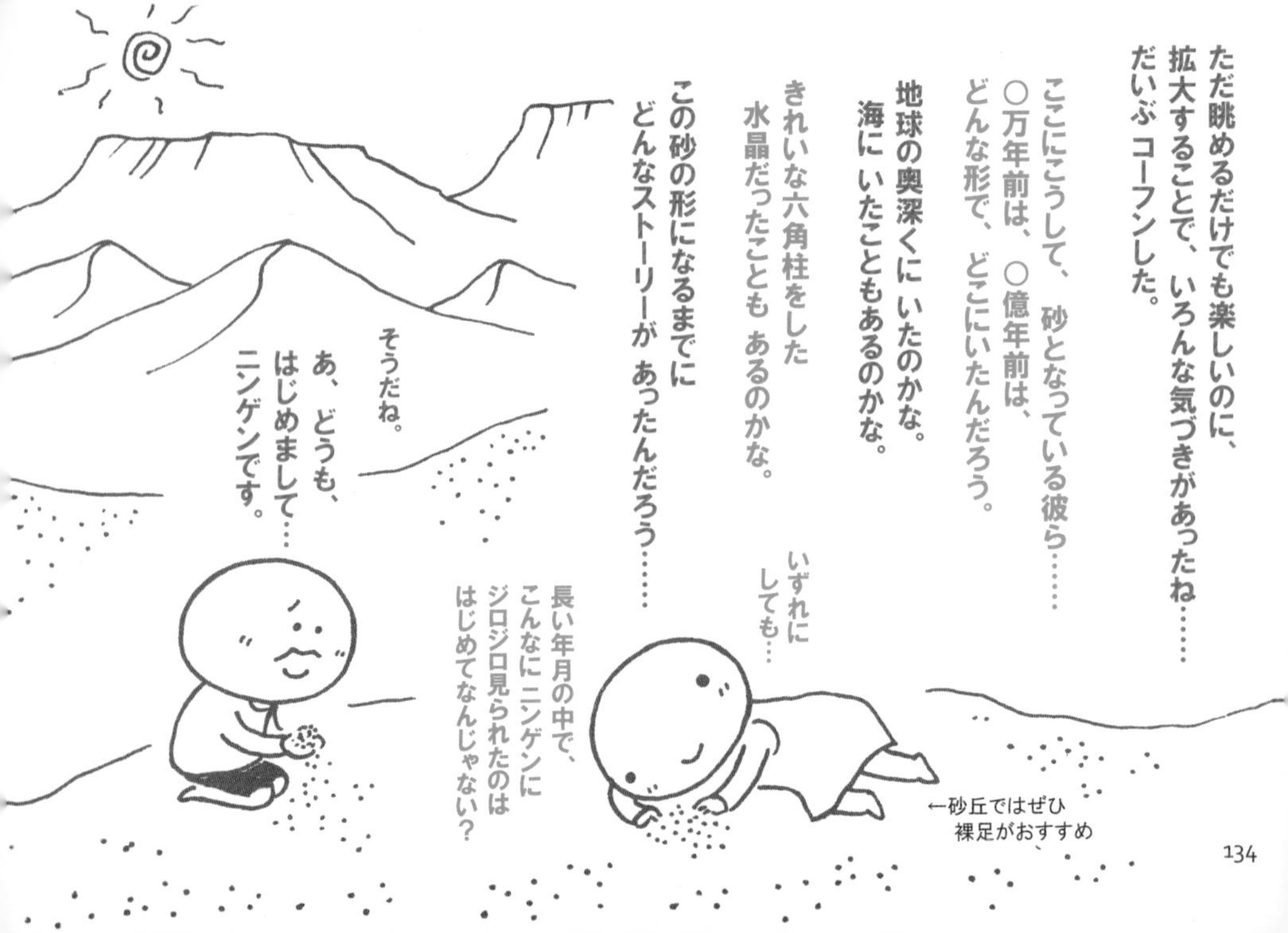
そうだね。
あ、どうも、はじめまして…ニンゲンです。
いずれにしても…
長い年月の中で、こんなにニンゲンにジロジロ見られたのははじめてなんじゃない？

←砂丘ではぜひ裸足がおすすめ

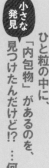

ちょっと ここで ◆ 日本人と石

古墳時代……
人々は、首飾りなどを身に着けていた。
翡翠、瑪瑙、水晶、琥珀……と、
素材もいろいろ。

**呪術目的や、権力の象徴だとしても、
日本人は、こんな昔から、
鉱物アクセサリーを身に着けていたんだね。**
↓ または、ジュエリーというべきか

**古墳時代といえば、「勾玉」が有名だよね。
そのあとの奈良時代はなんだろう……あれ？
平安時代は………あれあれ？
どんなアクセサリー？
……思い浮かばない！**

**ほんとだ……
その先の武士の時代も、
アクセサリーが、まったくイメージできない。**

どういうこと？？

自分たちが思い出せないだけかと
調べてみると……なんと。
飛鳥時代くらいから明治時代までの
千年以上もの間、日本人は、
アクセサリーを身に着ける文化が
無かったことが判明！

ええ〜っ！

さらに、
その理由は謎、
という衝撃……

まじで？？

そんなこと、世界中どこにも無いそうで、
たしかに、おしゃれとして、財産として、
権力として、呪術的なものとして……
とにかく、きれいな石があったら、
アクセサリーにして身に着けたいと思うのは、
万国共通、自然な気がする。
それくらい、
着けない理由は無い気がするけど、
なぜなんだ、日本人……

**「かんざし」や
「帯どめ」を
思いついたけど、
明治以前のそれらには
「宝石」をあまり
使っていないし、
地肌に身に着ける
ものじゃないし、
やっぱりちょっと
違うんだよね…**

そして、一方で、日本には
「石を愛でる」文化というのがあることを知る。
庭石を置いたり、床の間に石を飾ったり……
わりと地味な石を、愛でる文化。

そして、その文化が栄えていた時代が、
アクセサリーを身に着けなかった時代と
ほぼ一致……

どちらも鉱物じゃなくて岩石だよな…

庭石

水石
（室内で鑑賞する石）

菊花石　約16cm

しかし、
このような飾って眺めるような石は
大きくて地味なものだし、
身に着ける、小さくて宝石のような石とは
まったく被らないと思うので、
その2つの石文化は、
同時にあってもよいと思うのだが……

美しいと思う価値観が
違っていたんだろうか。

**身に着けたいと思わなかった？
身に着けることを思いつかなかった？
そもそも宝石系の石に興味が無い？？
……う〜ん、わからない。
昔の人に、聞きに行きたい！**

わたしの手の中に おさまる、
小さくて かわいい 石コロ。

この石のことを 知りたい
……から 始まった、 この本。

が……

石の世界は 果てしなかった ——

この世の、あらゆるものが
石と つながっていると知る。

その果てしない世界の入り口で
足踏みしているような……
小さな本が できました。

……と、
手の中の 小さな石コロに 報告しました。

棒に巻きつくような石英の母岩に
ぐるっと1周 小さな水晶
そして 洞窟部分にも 小さな結晶が
たっくさん 伸びている。

そもそも
石ってなあに？
どこまでのものをいうの？
……なんて、お尋ね
してたけど、
地球自体が「石」じゃん。

はしりがき

長石の整理がつかない……
分類がややこしくて
あの図の解釈もなかなか…
なんなん？あの三角の地層
みたいな、図。

サンストーン

ステキな長石さん

ラブラドライト

ホワイトラブラドライト
ムーンストーン、ペリステライト
アマゾナイト、アンデシン
などなど
などなど

6月の誕生石♥

マントルのほとんどが
かんらん岩って…緑色の
ペリドットだらけってこと？

え

元素が、宇宙の中で、
いつ、どのようにつくられたかは、
解明されていないらしい……

光彩効果も整理して
一覧表にしたかったが、
紙面足らず――。

BigBang すら
すっとばして、
だいじなこと ほとんど 省略した
地球とマグマのストーリー、
描いたよ～～ww

でも
ちょっと
かわいー
かも？

ぞわ～

星の砂を
拡大してみたら

よくみると
お花っぽい？

約1mm

何度TRYしても、理解できない、
三大石(自分の中で)
ひすい、蛇紋石、石膏
どーしても頭に入らない。
こんがらがってくる……
次の課題だなー

ラピスも加えたい……

アズライトを
とことん細かくしてみたくなり
乳鉢と乳棒で 本格的に。

不思議なのは
色が緑っぽくなったこと

ちょっと
岩絵の具に
近づいた。

この粉をといて
かいた 石の人。

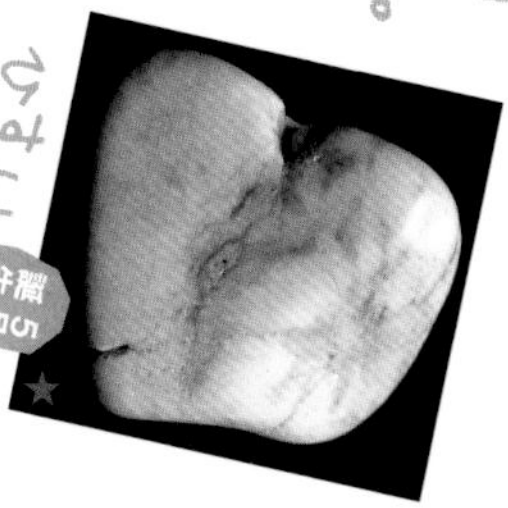

ひすい

5月の誕生石♥

地球の構造

卵で考えると
わかりやすい。

＊地殻…地球の表層部分

＊マントル…地球内部の、岩石でできた部分

＊マグマ…マントルがとけてできたもの

＊プレート…「地殻＋マントルの最上部」の岩盤

大陸プレート＝厚さ 30 〜 100km
海洋プレート＝厚さ 5 〜 7km

マントルは
岩石なのか〜

そして
マグマは
もともと
マントル
なのか〜

ラピスラズリ
＝ニンゲンが利用した最古の石だとか。
ひとつの鉱物かと思ったら、調べると、
「性質のよく似た複数の鉱物の、
小さな結晶が集まってできた(＝類質
同像の多結晶)＝固溶体と呼ばれるもの
??ムズ。一応、岩石ではなく鉱物らしい
(いくつもの鉱物が
カタマリになったもの)
で、
あー、あの白や金の粒々がそーなのね、と
思ったら、それはまた別で、
ただの混入物らしい。
↳黄鉄鉱と方解石

お手上げ〜

ラピスラズリ原石

12月の誕生石♥

これから
河原の石拾いに
ハマりそう。
でも 次は 海岸も
いいな。
(ぜひ春か秋に)

ヤヤコシイ、「ムーンストーン」
ホワイトムーンストーン
ブルームーンストーン……
→これらの ゴチャゴチャになってるトコ
整理してまとめたかったが
紙面足らず……

はしりがき

……石の色だけでなく
「色」は、そう見えてるだけの
「光」という「電磁波」……
なのだそうだよ……ハァ、ハァ……

み、みえてるだけ？

登場しそびれた石

9月の誕生石♥

スポデュメンのうちの
ピンクの石 クンツァイト

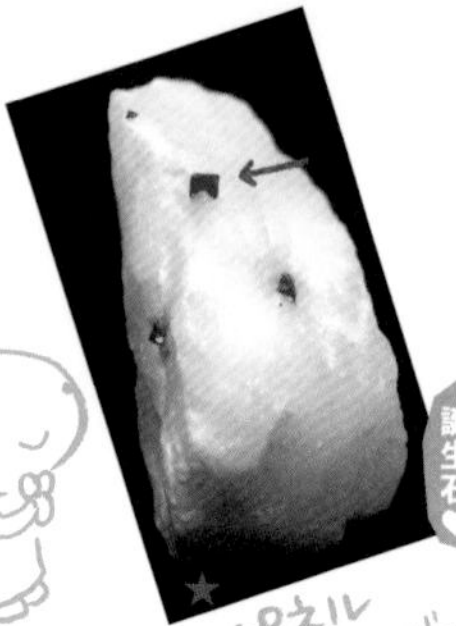

8月の誕生石♥

スピネル
発見当初ルビーと
間違われていた石

スピネル好きなの

かわいいカルサイト♡

六角柱状の結晶の
カルサイトのクラスター。無色透明。
カルサイトの晶癖って、
多様でおもしろい!!
同じ成分でも、結晶ができる時の
条件によって形を変える。
「この形だから、この鉱物」という
決まりがない、という
ことを知ったよ、
この石で。

ガーネットの和名を理解するためのメモ

灰 Ca = カルシウム
格 Cr = クロム
鉄 Fe
礬 Al = アルミニウム
苦 Mg = マグネシウム
満 Mn = マンガン

核のまわりのマントルが……
「岩石」で「固体」、
そしてそれが
「固体」のまま「対流」……
という様子がどうもイメージできないのよ〜

ピラミッド型に磨かれた
2cm角の水晶の中に……

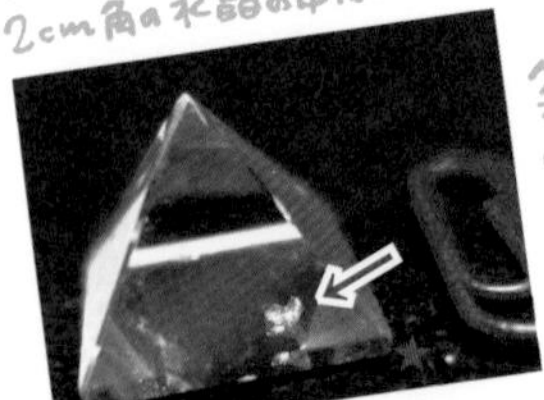

クォーツinクォーツ

限りなく双晶っぽい
水晶の粒！

水晶のレンズ効果が
じゃまをしてルーペで
見てもゆがんでしまうので
厳密にいえないらしい。

ずっとしまって置いた
コレクションを
久々に開けると、
白くなっていたり、
ぼろぼろと崩れたり
することがある。
（酸化などによる）
鉱物は、
地表にあらわれた時点で、
そうなる運命にあるけど、
それが、とってもせつないの。

by 石の人

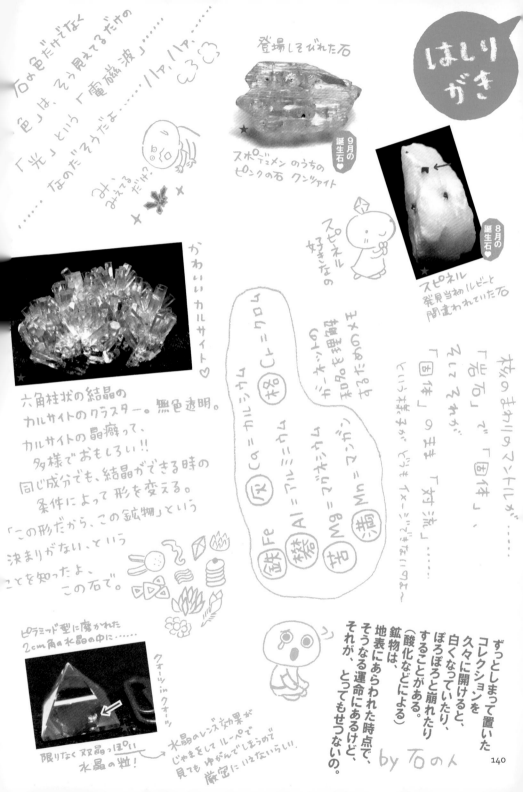

鉱物好きになったきっかけの石 →

バナディナイト

赤水晶

モロッコのオレンジの砂、赤い鉱物大好物

置きと専門用語で
こまってしまい、
知りたいところまで
辿り着けないによ
鉱物の本。

人工ダイヤ vs 天然ダイヤ

たしかに、成分も構造も同じなんだろうけどさ、
できるまでの年数とか、地中に埋まってる年数とか

数カ月 vs ○億年 って全然ちがうじゃん?

それって、結晶自体に、何らかの影響というか
反映というか……してないものなのかな

より強くなるとか
何か宿るとか
何かしらのさ……

ダイヤください!!

12月の誕生石♥

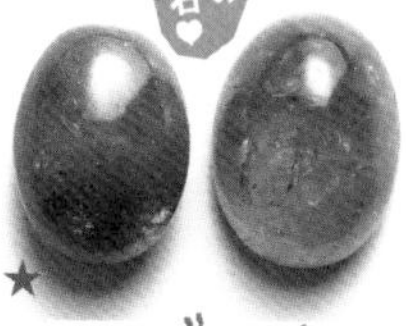

タンザナイト

角度で色が変わってみえる多色性の石

エシカル イミテーション について。
↑倫理的→環境保全、社会貢献

近年、ただニセモノという概念ではなく、自然ハカイや人権モンダイを重視して人工ダイヤを選択するという動き

ダイヤモンド ◈
正八面体の結晶の一部が顔を出している…ぽい母岩。

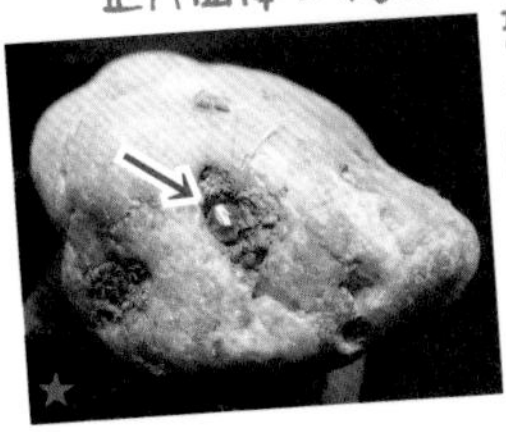

オパール…石英に、水(5〜10%)が結びついてできたもの。
(プラスされて?)
「結晶質」という項目以外はすべての鉱物の条件を満たし、準鉱物という鉱物のクラスに分類される。

スフェーン
ダイヤよりも強い輝きを見せるといわれている

7月の誕生石♥

原子やら分子が手をつないで、ミの「結晶」と、六角柱や八面体などの形になったものを呼ぶ時の「結晶」。ずっとモヤモヤしてたけど、一応解決〜。

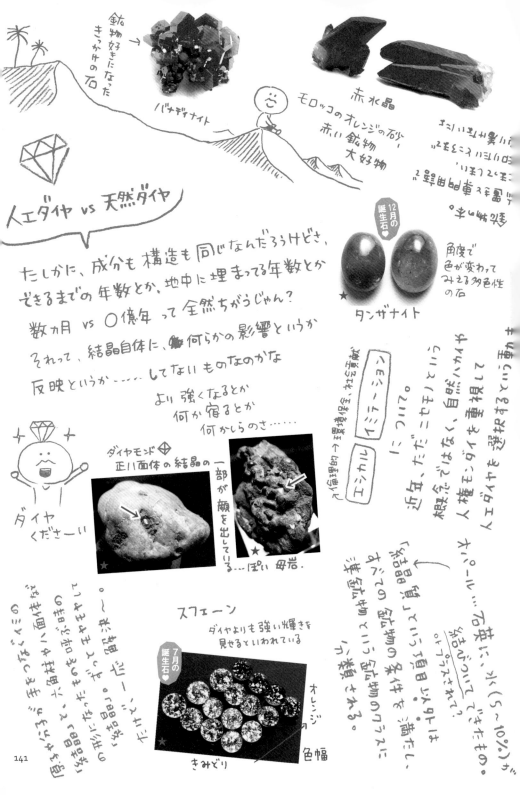

あとがき

石が好きになって、もっと深く知りたいと思ったら、
そこは まさかの理系の世界で、
結晶構造とか化学組成式とか
原子とか陽子とかイオンとか
三斜晶系とか六方晶系とか……
本を開いては、どうしても頭に入らず、何度も閉じて。

もっと浅く、ざっくりで いいんだけどな…
んー、知りたいのは、そこじゃなくて…
待ってこれ、中学の理科、全部わかってること前提?……

もしかしたら、同じ思いの人が いるかもしれない、
同じところで つまずいている人が いるかもしれない、
そんな人たちが、最後まで読み通せる、石の本がつくりたい。
……その思いから、この本はうまれました。

厳密にいえば違う、一概にはいえない……
そんなこともあるかもしれない。

それでも、ざっくり、大まかに知ることで、
それが、深く、正しく知ることへのスタートラインになる、
……と信じ、自分が知りたかった「石のこと」をまとめました。

石への知りたい欲求は、今もまだ続いています。
これからも、楽しみながら 勉強していきたいと思っています。

最後に、この本の制作に
かかわってくださった
すべての方に感謝いたします。
どうもありがとうございました!

ありがと
k.m.p.
ムラマツエリコ
なかがわみどり

◆参考文献◆
飯田孝一『天然石のエンサイクロペディア』亥辰舎、2011
石のことに詳しくなった気分にさせてくれる……不思議な事典です。
多くのことを学ばせていただきました。

k.m.p.
け〜えむぴ〜

公式サイト他

2人で活動している、デザインユニット。
旅に出て旅行記をかいたり、イラストをかいたり、
絵本をつくったり、雑貨をつくってみたり……
カタチにこだわらない モノづくりをしています。
著書は 60 冊以上。

＊二次元コードを読み取った際の表示は、スマートフォンの OS や機種により異なります

ご協力いただきました

「石の人」の中の人？ 染谷 壽男 様

この本を書くにあたり、多くの助言をいただきました。
珍しい鉱物の写真を、撮らせていただきました。（★）

今昔 石 物語

石問屋の営業マン。ミネラルショーにも立っています。幼少の頃より集めた石は数千点。今も日々石に囲まれ、朝昼晩戯れて暮らしています（仕事です）。そして一生涯、石との出会いを求め彷徨う旅人。

@quartzinquartz ← 2023 春よりコレクションを公開

ジェム エイコー 谷田 崇 様

美しい宝石の写真を、ご提供いただきました。
（★のついたもの）

ジェム エイコー

宝石・ルースの専門店代表。自ら海外に出向き、買い付けをおこなっていらっしゃいます。愛知県豊橋市にお店があり、各地ミネラルショーにも出展されています。すばらしい宝石たちを、ぜひ、直接ご覧ください！

@gemeiko

k.m.p.の、石《いし》コロ、ぐるぐる。—石《いし》をめぐる小《ちい》さな旅《たび》—

2023 年　5 月　16 日　第 1 刷　発行

著者
ブックデザイン　k.m.p.《ケー・エム・ピー》　なかがわ みどり　ムラマツ エリコ

発行者　渡辺 能理夫

発行所　東京書籍株式会社　〒114-8524 東京都北区堀船 2-17-1
TEL 03-5390-7531（営業）　03-5390-7512（編集）
https://www.tokyo-shoseki.co.jp

印刷・製本　図書印刷株式会社

ISBN 978-4-487-81545-6 C0095

石コロぐるぐる

@icicoroguruguru

「動画で見てほしい石」などをUPしています。みなさんの自慢の石もぜひ見せてください！＃石コロぐるぐるを付けて、投稿してね。

はしりがき

今を、ほんとのスタートラインと感じている。
石って何？から始まって、
いろいろ調べて自分の中に落とし、
今日までのことを書きつづった今が、
さらに広く深く石を知っていく、
新たな道の、スタートライン。

クリスタルって、ただ単に水晶のように透明なガラス、って意味みたいよ まぎらわし……

石との出会いの場　ミネラルショー
欲しいっす
コレ
買いますっ

青のラフロック
フローライトで
ペンダントつくった

すきな石の持ち歩き方

空気は、水素と酸素の化合物だけど、固体じゃないから鉱物ではない。

日本に多い、灰色の砂浜。
きれいじゃないなって思っていたけど……じつは「灰色」は、豊かな証拠だったんだ！と気づいた。つまり、
たくさんの種類の鉱物や貝類があるから、遠目で見ると、その色が混じって灰色に見える。ってこと
白い砂浜や、オレンジの砂漠は美しいけど、裏を返せば、同じ鉱物ばかりで多様性がなかったり、不毛の地だったりもする。その荒廃感というか寂寥感に惹かれるんだけど

自然で自らできた自然物は
「化石」ではない。
自然の作用ではなく
ニンゲンの手が加わって
いるもの。

次、砂漠でやりたいこと。

河原で石拾いしてからは、なんだか「岩石」がおもしろくなった。割ってみると中みが具だくさんなかんじで様々な鉱物の詰め合わせなんだよー

たぶん、このジャンルは、得意な人は、苦手な人が、とてつもなく低い地点でつまづいていることを知らないと思う。（本を書いている先生方も）だから、小学4年生くらいの自分に教える気分で書いてみる？

自分にとって
「鉱物の魅力」は、
見ための美しさだけではなく
「それがつくられた年月に思いを馳せる」
ことでもある。だから……
人工ダイヤとそのへんの石コロを比べたら、
石コロのほうに価値を感じ、
いとおしい。

鉱物メモ

炭素と珪素の鉱物ってあるんだ〜

モアサナイト（炭化珪素／SiC）（モース硬度9.25〜9.5）

▶ダイヤの次にかたい。

▶炭素と珪素が交互に積み重なる（性質も間をとったかんじ）

▶ほとんどが隕石中に産出（流通しているのは人工）

▶ダイヤのかわり。環境に優しい

「当店では、石のエネルギー調整をしたものをお届けいたします」的な文面を時々見かけるけど、石に何を働きかけてるんだろう。

今後しばらく
石をたどる旅が
続きそうな気が……

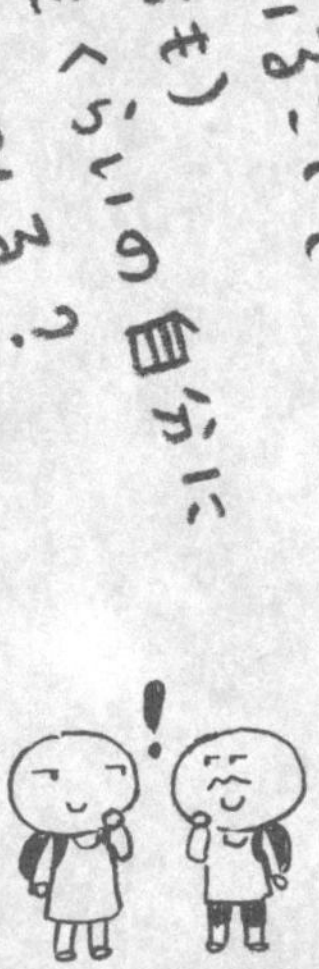

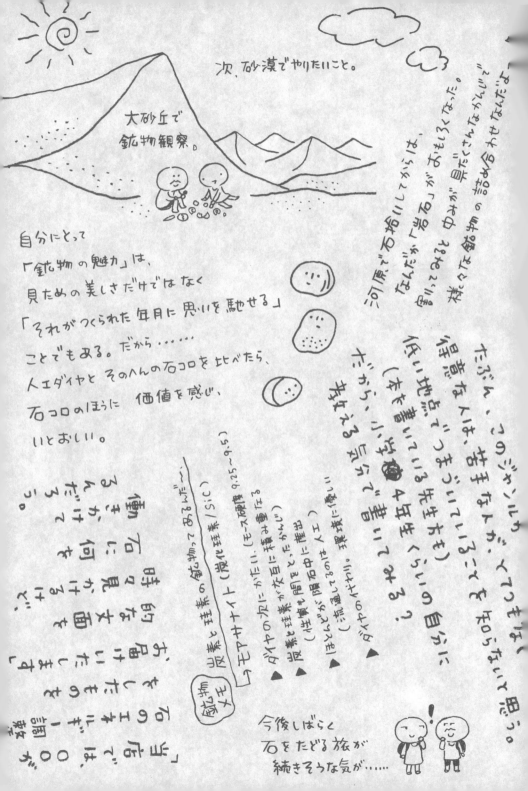